從零開始學寫吸金文案

30秒入門，超生火、最推坑的31個勾心銷售寫作指南

Copywriting Secrets

吉姆・愛德華 Jim Edwards 著
游懿萱 譯

★ ★ ★
亞馬遜網站
暢銷好書
★ ★ ★

10 個
促購誘因

8 種
情感連結

13 道
文案撰寫步驟

3 條
絕對成功的
銷售公式

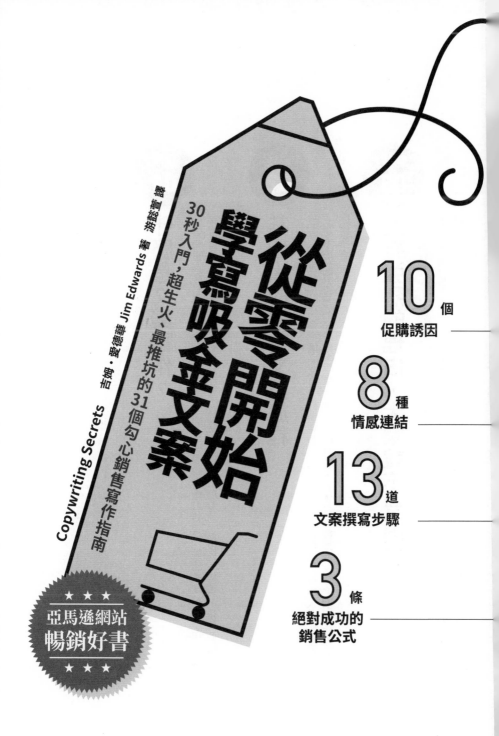

推薦序 …… 12
作者序 …… 16

秘訣 01
什麼是文案寫作？ …… 22
廣告文案寫作是想要勸說適當的讀者、觀眾、聆聽者採取特定行動的文案。文字用法或許會有改變，但文案寫作的目的卻未曾變過。你讓他們看到了價值，接著邀請他們採取下一個步驟，也就是買他們反正想買的東西。

秘訣 02
某個人的廣告文案旅程 …… 32
沒有人天生知道如何撰寫廣告文案，好消息是，你可以學習。我撰寫或是與人共同撰寫了三封不同的廣告函。在二〇〇一年的最後四個月時，我賺到的錢比我在那之前四年加起來的都還多。

秘訣 03
沒有強烈的理由，大家就不會購買 …… 38
大家不會無緣無故購買。架構你的訊息給別人看，讓他們了解為何要購買，以及如何將你的產品與他們的理由產生連結。你可以讓這些原因與你提供的方案結合，放在你的標題、故事、條列要點、內文、呼籲行動的部分。

秘訣04 在你的文案當中，沒有人在乎你……49
請你在自己的文案當中，尋找下列這些字詞：「我、我自己、我的、我們、我們的。」這些字詞顯示了你正在說明有關自己的一切。而你的潛在客戶並不在乎這些字詞，因為你在使用它們時，通常不會說出對客戶有益處的事物。

秘訣05 你將學到的技巧當中，最寶貴的一個……54
你將會學到的最寶貴技巧，就是文案寫作。你可以外包，但如果你不擅長撰寫文案，就不知道他們的文案寫得好不好。讓自己擅長創造標題、撰寫條列式要點，這會最快讓你的廣告文案出現重大改變，大幅領先你的競爭對手。

秘訣06 文案當中最重要的部分……65
大家最需要的文案撰寫技巧，就是撰寫好標題。曾經有統計數字指出，十個人當中，有八人在看廣告或是網頁的時候只看標題。標題的目的相當簡單：讓大家停下手邊正在做的事，並且開始閱讀（或觀賞）你放在他們眼前的東西。

秘訣07
沒有「一體適用」這回事……81
辨認能夠運用你產品或服務的不同群眾，並且致力於將正確的訊息傳遞到他們眼前。熱的、暖的和冷的流量來源，分別會關注不同類型的銷售訊息。如果你不區隔流量，把錯誤的訊息傳遞給錯誤的客群，轉換率差異可能高達二十倍！

秘訣08
遇見弗雷德（你的理想顧客）……92
儘管你正在撰寫的內容，很可能會讓上百萬個不同的人看到，但每個人卻是獨自看到的。你必須時刻放在心頭的一件事，是「你知道自己在寫給誰」。我把你的理想原型稱為「弗雷德」，你必須比弗雷德更清楚他腦子裡在想什麼。

秘訣09
條列式要點的終極公式……117
條列式要點能幫助你創造大家對文案的好奇心，是你的文案當中最有分量的一環。終極公式是「特色＋好處＋意義」：產品的本質是什麼，產品能做到什麼，對買家／讀者／潛在客戶來說又意味著什麼。

秘訣10
真正能夠賣東西的方式（跟你在想什麼無關）……128

情感才是驅動銷售的主因，而意義能創造情感。你必須針對廣告文案當中提出來的任何主張、特色和好處，詢問：「這對我的潛在客戶來說代表什麼？」是太太會安心、小孩會歡笑，或是客戶可以省下時間看球賽？

秘訣11
為什麼「夠好」會讓你一直貧窮！……136

當一份廣告文案能夠發揮作用，我們往往就不再調整了，我們害怕如果修改會「破壞」或是停止文案的作用。但A／B測試能夠讓你不斷改善自己最好的文案，讓文案不斷更上一層樓。即使轉換率僅是微增，也代表利潤會大增！

秘訣12
不要重新發明輪子——偉大的文案能提供線索……144

在你開始撰寫廣告文案之前，必須先進行正確的研究，才能入銷售訊息目標讀者的思維裡。他們想要什麼？他們害怕什麼？他們買你或其他人販售的物品時，主要目的是什麼？然後參考市場上的成功範例，效法他們的方式來撰寫。

秘訣13
一切都與他們有關——從來跟你無關……153
請讓你的訊息簡單而直接，運用他們能夠了解的方式來溝通！避免運用艱澀用詞、業界行話，或是用上縮寫卻完全不解釋。這麼做只會讓大家覺得困惑、失去興趣。文案寫作和你有多聰明無關，只和你能夠給他們多少幫助有關。

秘訣14
如果欠缺使用者見證，該怎麼辦？……161
你可以運用許多不同的證據元素。例如：關於你和你的公司的見證、利基市場的名人代言、統計數字、相關名言等等。不要因為缺乏見證就裹足不前，取得使用者見證最快的方式，就是把某樣東西送人，看他們是否願意分享心得。

秘訣15
三個絕不失敗的銷售公式……168
定義→煽動→解決；好處①→好處②→好處③；之前→之後→搭起橋樑。這三個銷售公式可以運用在二十頁的廣告函、一分鐘的電視銷售廣告，以及十分鐘的銷售演講。你在任何地方想要創造銷售訊息時，它們都能夠奏效。

秘訣 16
都是冰淇淋，我該選什麼口味？……181
提到廣告函，你很可能會問：「我該使用哪種形式——影片、長篇的廣告函，或是短篇的廣告函？」我個人建議你從影片廣告開始；專家則會說，你該實際測試再決定。你終究必須分別測試，才能夠找出最佳方案。

秘訣 17
如何「迅速」撰寫出色的廣告文案……190
你需要搞懂廣告文案的十三個部分，每個部分的職責是要讓觀者前進到廣告函的下個部分。請把它想成過河的踏腳石，少放一個就會讓人失足落水，無法帶領他們前往購買的彼岸！跟著這十三道步驟的流程做，你就能夠滿足客戶的目標。

秘訣 18
如何迅速寫好電子郵件前導廣告……212
寄出這種前導廣告的目的，絕大多數是要收信者點擊郵件當中的連結，前往另一個網頁。好的電郵前導廣告只有六個部分，大多數人都會犯下一個錯誤——在信中推銷方案。不要這麼做！你的廣告函或是影片就會幫你推銷了。

秘訣 19
初稿是你最難寫的草稿……222
廣告函只不過是一些片段的組合。請不要想著：「嘿，我得寫一封廣告函。」而是要想著，你需要哪些區塊才能組成你需要的東西。如果你把廣告函想成許多個部分，而非一個完整巨大的東西，那就容易處理多了。

秘訣 20
讓他們更渴望……227
你可以帶某個人去某個地點，要他做你希望他做的事，卻無法逼他這麼做。然而，你可以讓那個人更「渴望」獲得你販售的東西。使用四種勾起渴望的故事類型，後續搭配你的廣告文案，告訴他們可以去哪買飲料，也就是完成銷售。

秘訣 21
愛我或恨我；不上不下賺不到錢……240
處在中間的人就是賺不到錢，他們忙著安撫所有的人，因此沒有替任一群人做出特別有價值的事。明確表態，維持立場，然而也不要擔心改變方向。如果世界變了、環境變了、某樣東西導致你重新評估意見，那你必須告訴大家。

秘訣 22
「噢，該死，我必須擁有那個！」……247
要讓產品狂銷的最大關鍵，在於產品給予的有益承諾。撰寫這部份文案的公式分成四個部分，分別是：（一）障礙；（二）獎賞；（三）時間；（四）擺脫責任機制。請務必納入每個部份，它們都各別擊中潛在客戶做決定時的不同要害。

秘訣23 替豬擦口紅的美化工夫……260
有時重寫文案還比較快，但有時候你卻可以替豬搽口紅，讓牠變成選美皇后。你的文案無法發揮效果時，請你問自己八個問題，照著清單檢查一次，確保自己在標題、情感連結、解決方案……等方面沒有遺漏。

秘訣24 我該加入黑暗勢力嗎？……272
你在撰寫文案的時候，有兩種加入負面內容的方式；一種是正面的，一種是負面的。正面的方式是加入大家內心的對話，你會提到他們的問題並給予忠告；負面的方式是攻擊行為、結果或方法。但絕對不要指名道姓罵人或罵公司。

秘訣25 「偷偷」接近──不推銷而賣出的祕密……279
大多數人一看到廣告就會產生戒心，把反推銷雷達開到最大。「偷偷接近」是一種微妙的方式，能夠引導他人走向你希望的地方，卻沒讓對方發覺你的意圖。重點在於溜進他們的防禦範圍，將免費內容的流量引導到付費方案去。

秘訣26
引進外力的正確做法……290
你理當要有能力撰寫自己的廣告文案，但你不必每次都親自寫。文案外包有三項要訣，一開始應該用小案子做測試，藉此找出可以幫你的人。但你要了解從寫手那邊拿到的只是初稿，你還必須進行微調、編輯等等。

秘訣27
「神奇辦公桌」客群想像練習……297
我們所有人都會面臨這個挑戰：你要如何脫離自己的想法，進入潛在客戶的想法當中？「神奇辦公桌」想像練習是引導式的視覺化想像練習，能夠幫助你收聽到客戶的「對我有什麼好處」頻道，高度同理他們的思維、恐懼與需求。

秘訣28
網路廣告的唯一目的……309
網路廣告的唯一目的，就是要讓對的人停下腳步點擊連結。只要你深信並做到前一句，你就已經打敗九十五%的對手。大多數時候，你必須測試「許多」廣告，才能找出少數有效的，而且還得推陳出新，因為它終究會失效。

秘訣 29 沒有鉤子就釣不到魚 325

鉤子基本上就是一個迅速說完的小故事，它的目的不是銷售、說服、轉換，僅僅用於引發好奇心，把大家拉入你接下來的廣告文案當中。注意力往哪，人也就會跟過去；如果你抓住了他們的心，其他的部分也會跟過來。

秘訣 30 創造你自己的廣告文案資料庫 333

所有稱職的文案寫手都會製作所謂的「廣告資料庫」，當中收集了與「賣東西給別人」有關的所有資料。它能讓你撰寫廣告文案的腦汁暖機與活動，就像運動時的暖身一樣。只要你覺得有東西抓住你的注意力，就該放入資料庫。

秘訣 31 擦亮你的廣告文案 338

說到賺錢這回事，大家就會對你的廣告文案挑三揀四。請檢查文法、拼字、標點、格式，確保別人閱讀、觀賞、聆聽時，不會突然聽到你說了蠢話變豬頭。如果你沒有花時間替你的銷售訊息做檢查，你要如何說服顧客你的產品很優質？

BONUS 關於廣告文案，你還必須知道的其他事項 346

結語與資源 377

推薦序

將近十五年前，我是個新婚的大學運動員，當時有了開公司的念頭。我一無所知，只想說我想要賺錢。在開始研究之後，我才發現與成功息息相關的一切。

發明偉大的產品，建構行銷漏斗，增加流量，建立表單，還有……撰寫文案。

在我了解讓網路公司成長的這些面向之後，起初覺得躍躍欲試，唯一例外的只有文案寫作。

我在大學時並不喜歡寫作，老實說，我也不是很擅長。

所以不管大家怎麼說，我都著重在撰寫文案之外的一切。

我會創造比競爭對手更好的產品，但對方的銷售量持續超過我時，我便感到很困惑。

我的產品明明比較好。**為什麼大家買他們的，而不買我的**？

一個又一個的念頭襲來，我開始了解讓公司成功的並非產品，而是要讓消費者產生夠強烈的慾望，願意不顧一切地買下商品。

那就是**廣告文案寫作。**

這正是關鍵所在。

最後，我退讓了，開始研究好的文案寫作方式。

我想要——也**需要**——了解大家。

我研究得越多，就越發注意到所有成功行銷活動共通的模式，也學會如何仿效他們的方式來販售我的商品。

在我出現轉變、開始熟悉文案撰寫之後，發現了一件相當有趣的事⋯⋯

發明成功的產品不會讓我致富。

增加流量不會讓我致富。

創造驚人的行銷漏斗不會讓我致富。

列出客戶清單不會讓我致富。

在我學會撰寫好的文案之前，以上種種都沒什麼效益，因為我試圖銷售的產品並沒有賣掉──我努力衝的流量沒有化成銷量；我建立的行銷漏斗並未說服大家買我販售的東西。能讓我致富的是文案寫作。

那才是好的大聲公。

這點對公司能賺多少錢的影響遠勝過其他一切。

幾年前，吉姆．愛德華看到我們創辦了ClickFunnels的使命：要幫助所有企業家自由，就決定成為我們的合夥人。有一天他打電話來，問我：「你知道要如何讓所有的顧客更賺錢嗎？」

我問他該怎麼做，他回答：「你必須幫助他們撰寫更好的文案。他們的文案改善之後，就能透過漏斗賣出更多東西，並且會永遠對ClickFunnels死忠。」

有了那個想法之後，他就替我們的社群創造出強而有利的工具，叫做Funnel Scripts，幫助上千名企業家只要按個鈕就能夠寫好文案……甚至他們還沒搞懂怎麼回事就寫好了。我看過這個工具幫助了許多從未成功在網路上販售物品的人，最後獨佔鰲頭，賺錢，並且大獲成功。

他去年開始撰寫本書時，告訴我他的目標是要幫助更多人精通文案寫作。那是一項艱鉅的任務，但如果有人辦得到，我想那個人會是吉姆。

這本書如果在適當的人手中，一定能幫助你賺更多錢、服務更多人，並且增加你的影響力，讓你能用自己的方式改變世界。

世界上很少有人比吉姆研究過更多文案、應用在更多的情況中、替更多人與更多企業服務。這本書教授你的技巧，將會讓你受用一生。

不要重蹈我的覆轍，還在自己慢慢摸索，在紙張與螢幕上撰寫行銷產品的文案。請你百分之百的投入，因為這會是你此生中所學到的最重要技巧。

羅素・布魯恩森（Russell Brunson）

ClickFunnels與Funnel Scripts共同創辦人

作者序

「我總是相信撰寫廣告文案的獲利，可說是透過寫字賺錢的方式當中第二高的。獲利最高的，當然是撰寫擄人勒贖的紙條。」

——菲利普．杜森貝瑞（Philip Dusenberry）

沒有人天生就知道如何銷售。

大學畢業之後，我開始從事銷售的工作。我在畢業後最初的十八個月當中，做過七份不同的工作，不是辭職，就是被炒魷魚。這些工作都與抽佣金的銷售有關。一開始，我很可憐地想賣壽險；我賣過有折扣的會員資格、賣過手機、賣過中繼式無線電（手機的前身），也賣過減重課程。

我甚至還販售過生前契約（就是在維吉尼亞州的漢普頓挨家挨戶向活人推銷墓地）。

你說得出來的，我都賣過。

我在減重公司上班時，向一位女士推銷減重課程後，轉職成貸款推銷員，來到我銷售生涯的高潮。我販售減重計畫給她時，她說：「你知道嗎？你來我的產業，一定會做得很棒。」我心裡想著，「好樣的，其他產業我都做過了，來看看她做的產業好了。」她告訴我有關抵押貸款的一切，我說：「嗯，好的。」那是販售大家想要也需要的東西。大家想要貸款時就是需要錢，因此你不需要太努力向他們推銷錢——他們買房子需要錢。

我決定試試看，很快就發現銷售不是最難的部分，難就難在適當的時機出現在適當的人面前。那也是我初次接觸到廣告函與腳本的文案寫作——就是過去我打電話給對方，問他們是否需要再融資時所提的內容。

這只是開頭。之後我研發了在申請抵押貸款時不要被敲竹槓的程式（因為我看過許多人被貸款業務敲竹槓）。我也寫了一本書教大家如何自己賣房子。我在一九九七年把這些產品放上網時，才了解如今我們所認為的廣告文案與廣告文案寫作，範圍遍及廣告函、電子郵件廣告、直郵廣告。

在我決定改善自己的文件寫作能力時，確實接受了一些訓練。但不知為何，我卻參加了馬龍．山德斯（Marlon Sanders）的課程。我聆聽他說明廣告函中不同部分的錄音。就在那個時候，我才靈光乍現，了解文案寫作不只有把字寫在紙上，就希望這樣能夠發揮效果。

文案寫作與結構及策略有關

我開始閱讀相關主題的書籍，包含克勞德．霍普金斯（Claude Hopkins）的《科學廣告》（Scientific Advertising）。那是一本小書，卻切中要領，點出了我們需要知道與記得的內容。雖然閱讀他人的著作也相當有幫助（顯然如此），但最佳的方式就是閱讀試圖會讓你掏錢的文案。那才是你應該研究的文案，因為你在情感上與之有所連結。我們之後會再進一步討論這點。

值得一提的一件事：我有記憶以來，沒有替其他人寫過廣告文案，只為我自己的產品而已；我很早就知道沒有人比我更會賣自己的東西。此外，我剛開始在網路上進行銷售時，沒錢請人幫忙寫廣告文案，我必須要學著自己來。我架設的第一個網站大概就是二十頁之類的東西。我不知道自己當時在做什麼。接著我接觸到了篇幅較長、約一頁的推銷信函，大家看的時候會捲動頁面，當中充滿了許多推銷話術。

所以，我就把二十頁的網站變成一頁的廣告函。如果你現在把信印出來，那可能長達十頁，卻會在同一個頁面上。一夜之間，我的銷售量就增加了兩倍半。那時讓我有了靈感，想到：「嘿，如果你想賺更多錢，撰寫良好的廣告文案會是個關鍵！」那與衝流量無關，與在網頁上能夠把推銷宣傳寫得多好有關。

幾年下來，我寫過一些帶來超過三百萬美元銷售額的信函；有一封的銷售額超過兩百五十萬美元；另外一封販售二十九美元產品的廣告函，帶來了超過一百五十萬美元的收入。順便一提，要達到一百五十萬美元的銷售額，你必須賣出許多個二十九美元的東西。

你必須記住很重要的一點：沒有人比你更會替你的產品撰寫廣告文案。如果可能的話，應該由你創造自己的文案（或至少親自進行編修），你才是最清楚如何與觀眾產生連結的人。

從頭開始學習撰寫文案相當費時……但也十分值得！

最棒的是，沒有人天生就是百萬文案寫手，沒有人天生就知道該用什麼精確的字眼來撰寫廣告文案。但撰寫文案與撰寫小說、非小說不同，是有模式可循的。你可以使用與改編成功的文案，迅速創造能夠大賣的文案。那是你能最迅速學會的寫作形態，也是最賺錢的一種。

「只差一封廣告函，你就能夠致富。」

——蓋瑞・海爾伯特（Gary Halbert，美國直效行銷暨文案撰稿大師）

「如果你無法用簡單的方式說明，就表示你還不夠瞭解。」

——亞伯特・愛因斯坦（Albert Einstein，猶太裔理論物理學家）

秘訣 01

什麼是文案寫作？

「廣告文案寫作是想要勸說適當的讀者、觀眾、聆聽者採取特定行動的文案。」

——吉姆・愛德華

我對文案寫作的定義如下：

「廣告文案寫作是想要勸說適當的讀者、觀眾、聆聽者採取特定行動的文案。」

——吉姆．愛德華

請你花點時間思考這句話。你想讓你的讀者、觀眾、聆聽者採取特定的行動。

無論在線上或是線下，你希望他們採取的特定行動包含了點擊特定連結、索取進一步的資訊、買某樣東西，或是進入銷售流程的下一個步驟。在撰寫廣告文案時，你試圖讓某人點擊購買的按鈕、填寫表格、在線上或是用郵購的方式買下某樣東西；或許你希望他們能夠拿起電話，撥打某支號碼，或是前往商店等實體的地點。在撰寫廣告文案時，這在一百次當中有九十九次都是如此。

廣告文案寫作包含了三行的報紙廣告，或是網頁上長達四十頁的廣告函。三十分鐘的非正式影片、臉書貼文、Instagram貼文，以及介於這些之間的文案，都可以也應該被視為廣告文案。

如果你想要精通廣告文案寫作，就表示你想要擅於吸引他人點擊連結、填寫表格與花錢。順便一提，那確實是你該精通的好技能。然而，你也不會希望弄得太複雜。大部分的人把文案寫作視為複雜的東西，需費好幾年的時間才能精通，幾十年的時間才能成為箇中翹楚。他們將這件事腦補成一大團複雜且雜亂的東西。基本上，廣告文案就是你呈現在大家面前的東西，目的是為了要讓他們點擊物品、填寫表格與花錢。

在你用那種方式思考廣告文案時，就沒那麼可怕了。這可不是火箭科學！

文案寫作與一般寫作的差異在哪？

兩者不同之處比你想像中的少。大部分人相信文案寫作是種不同的思考與寫作方式，這點因文案類型而異；有時候這些人說得對，有時候他們則是大錯特錯。

根據我的經驗，最高明的文案寫作，就是讓大家覺得有趣到不覺得那是文案。我以前在電子郵件中看過「免費報告」類型的廣告函。現在回想起來，還真是好笑，你居然會想索取一份免費的報告。那只不過是一份十頁、二十頁、三十頁長的廣告函，因為主題引起了你的興趣，你就不會將之視為廣告文案，而會把它視作免費報告。

大家有興趣的時候就會看下去，不會想到信件是想賣東西給他們這件事。那麼，什麼會吸引大家的注意力呢？什麼會讓大家看下去而不會聯想到推銷的訊息？你的內容會消除他們的恐懼，說出他們的渴望，使用他們會用的文字，覺得彷彿是和一位朋友或是可信的顧問在對話一樣。

我認為許多人也相信，廣告文案能夠神奇地讓大家做原本不會想做的事。但其實是，大家都喜歡買東西。

那就是為什麼大家的信用卡帳單都很恐怖；那就是為什麼大家讓亞馬遜成為世界第一的購物網站。大家喜歡買東西，就像一句古老的諺語所說：「大家都喜歡買，痛恨被出賣。」當大家覺得某樣物品會讓他們開心，或是幫他們獲得想要的東西時，就會買買買。因為文案中用了令他們感到熟悉、自在的文字。同樣的，廣告文案就像和朋友與可信賴的顧問對話一樣。

歸根究底，文案寫作的關鍵在於「意圖」。

我創造出東西要大家閱讀、觀賞、聆聽的目的是什麼？記住這點之後，廣告文案可以是一則推文，可以是一篇文章，也可以是有內容的影片；可以是臉書直播，可以是迷因圖，也可

以是你呈現給目標潛在客戶的任何物品。你讓他們看到了價值，接著邀請他們採取下一個步驟，也就是買他們反正想買的東西。

多年來文案寫作的技藝或科學有何變化？

下頁圖片是一九〇〇年希爾斯百貨銷售目錄的復刻本，實際上印刷的日期為一九七〇年，這也是封面上標價三．九五美元的原因。

人類發明貨幣以來，大家就不斷購物。在此之前，人們採用以物易物的方式進行交易。

大家說話的方式變了，但或許沒有變得更好。大家使用的正式詞彙以及稱呼彼此的方式也都變了。在這裡我要補充說明一下，我認為過去大家較為尊重他人的感受與觀點，儘管並非所有情況下皆如此，但至少都還算有禮貌。今天如果你去購物中心，聽聽一群青少年在不同商店間的對話，就會發現很多人都沒禮貌。好了，我岔題的部分到此為止。

大家說話的方式變了，不再用相同的方式說話。大家擁有的時間與兩百年前相同，但想要吸引他們注意力的東西卻多出百倍，例如社群媒體、信件、電視、收音機、文字的通訊裝置、即時通訊軟體，還有行動電話。這些競相爭取每個人有限的注意力。那也就是為何在一天結束之際，你會覺得筋疲力盡，說出「我沒力了」這種話。

那並不是大家愚蠢或懶惰，不是因為大家變笨了，而是有更多東西爭逐吸引所有人的注意力。你在撰寫文案的當下，要特別注意這點。在當今世界中，你必須更努力引發大家的好奇心，才能讓人停下腳步，花時間注意到你。此外，在說明重點之前，鋪陳的部分務必大幅刪減。

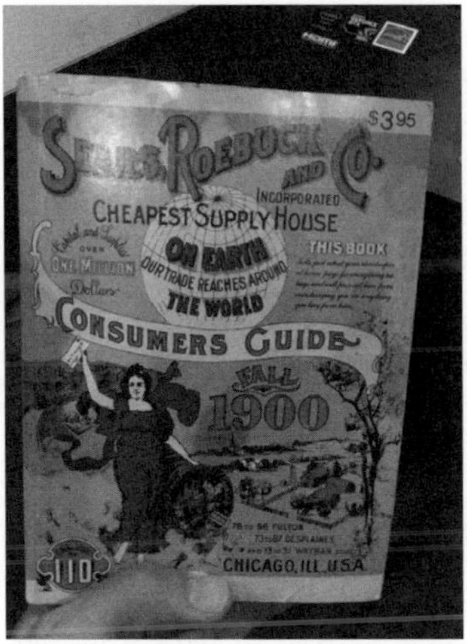

我的鄰居是個來自南方的老先生，他很酷，還負責建造我家房子。他非常老派，在你跟他聊天的時候，要進入正題之前，必須先花上二十分鐘寒暄：嘿，你家人如何？最近怎麼樣？聊天氣、談政治、說說鄰居，東聊西聊。接著到了某個時間點，大家就會深呼吸一下，才說我們在這個特定區域要怎麼搞？

大家往昔都是這樣，但現今並非如此。說到文案寫作，你必須拋棄這種大量鋪陳的方式，改為一把抓住他們，用好奇吸引他們的注意，再迫使他們前往你要他們去的地方。

文案寫作如何能歷久彌新？

大家就是那些想要買東西的人。你先要有這樣的態度——如果大家了解你產品、服務、軟體的好處，就會買單。身為創造文案的人，你必須是良好的溝通者，對他們說明為何他們需要你的產品。那是你的責任。

大家都擁有希望、恐懼、夢想。他們從過去至今不斷擁有希望、恐懼、夢想，未來也會繼續擁有這些；他們會愛、會恨，也有自己的看法。你越了解利基市場當中的人，就能夠賺越多錢，那些人也會變得更開心，因為你與他們之間的溝通情形更為良好。

了解你的利基受眾

我們來說說你的利基吧。大家在談論文案寫作，撰寫廣告以及鎖定目標的時候，就是在討論他們的利基。不過大部分的人都在討論數字，他們討論的是心理變數或是人口統計，卻往往忘記**置身利基當中的人才是利基所在**。

你必須了解人。明白那些數字與其他東西固然很好，但你也要清楚利基當中的人群、個人、不同的個體。我們討論你的理想原型時，會論及你的理想顧客，我喜歡將之稱為「弗雷德」。

你要了解這些人是有希望、夢想、擔憂的。他們與你無異，想要休假、想要照顧孩子；會對未來擔憂、會因信用卡帳單而備感壓力；想要擁有一輛好車，想讓家人擁有更好的未來。以上種種對他們來說都很重要。你必須明白哪些對他們來說很重要，因為你是在賣東西給人，不是賣給「利基」。

在文案寫作時，第二名得不到任何獎賞

你所撰寫的文案要不能奏效，要不讓你挨餓。這聽起來相當令人沮喪。你不會因為有人說：「嘿，你的廣告函寫得很好。嘿，我喜歡你拍的影片。」就能夠賺錢。聽到別人這麼說固然很好，但很可惜，那無法換成錢。你只有在能讓大家點閱，選擇購買和加入時才能賺錢，就是這樣。

你的文案不能只做一半。你不能做了一件事，只想看看結果如何，看看是否能僥倖成功。真的不能這樣。你每次都要全力以赴，像Funnel Scripts之類的工具能夠助你一臂之力，或是像我研發的魔法師類工具能夠幫上你的忙。至少你必須正視這件事。你不能只做了一半，要是這樣，你獲得的成果也會只有一半。

重點整理

- 大家喜歡買東西。廣告文案能夠幫他們向你買東西！
- 文字用法或許會有改變，但文案寫作的目的卻未曾變過。
- 希望、恐懼、夢想、慾望促使大家購物。
- 任何人都能夠寫出好的廣告文案……你只是需要練習。

秘訣 02

某人的廣告文案旅程

「所有有效廣告的祕密
不在於發明了吸引人的新文字與圖片，
而是用熟悉的文字與圖像
組成新的關係。」

——李奧·貝納（Leo Burnett）

我不認為自己是專業的文案寫作者，因為我不替別人撰寫文案，而是創造專業的文案來販售自己的商品——差別之處就在這裡。

除了創造「口袋漁夫」捲線器（Pocket Fisherman）、「大顯身手烤肉烤箱」（Showtime Rotisserie）以及「蛋內打蛋器」（Inside the Egg Scrambler）的羅恩・包佩爾（Ron Popeil）以外，大概沒有人天生就會撰寫廣告文案。他創造方案、撰寫文案、發明產品的能力無人能及。

你我都不是天生就會撰寫廣告文案的人——好消息是，你可以學習。

年輕的時候我曾經替大學的兄弟會設計過傳單。壓力相當大，因為如果參加派對的人丁稀少，我就會失去公關長的位置，以及職務帶來的特權。

我在銀行從事抵押貸款的工作時，替他們撰寫廣告。每個星期分行經理都要我撰寫一則廣告，我得在週三之前交給她，讓她送呈法律遵循部門，這樣才趕得及在週末上廣告。那些廣告原本寫得很好，但銀行很少百分之百按照我的方式上廣告，因為法律遵循部門非常討厭。我想要用的字眼不適合放在銀行廣告上，因為那些字會讓監管機構覺得緊張；這也是我後來不再替銀行工作的原因。

最後法遵部主管打電話過來：「聽著，我們能夠分辨哪則廣告是吉姆寫的、哪則是別人寫的。你們不用再送吉姆的廣告來了，我們不會放行的。」有太多法令規範了哪些話能說、哪些話不能說，基於前車之鑑，法遵人員變得很害怕那些看來挑動人心的廣告文案，之後每況愈下。

我從一九九七年開始在網路上做銷售，成績斐然。那時候其實我是破產的，住在拖車屋停車場裡，因為之前我做了一些不良的商業決策。重點是，你沒有做過差勁的決定，就沒辦法學會做出好的決定，對吧？我並沒有想要揚名四海，但我確實賺到了錢。

接著在二〇〇〇年秋天時，我意識到想要離開住了六年的拖車屋停車場，我必定要有所改變。我說服別人向我買東西的能力要更精進才行。想做到這點，我必須刊登更棒的廣告，在網頁上寫更多具有說服力的文案，並且非常擅長在紙上組織字句，鼓勵大家購買。

做出應有的付出是個明智的決定。當時我正坐在家中空房改成的小辦公室裡，從那一刻開始，我成為廣告文案的認真學生。我閱讀所有能夠弄到手的經典著作，包括《科學廣告》以及《我的廣告生活》（My Life in Advertising）。我的推薦閱讀清單請參見附錄。

只要可以，我開始在各處撰寫與測試文案。有時候是為我自己的產品做廣告，但有時也會替一些房地產經紀人撰寫廣告。我會貼一些廣告，看看有什麼結果，往往什麼都沒發生。真的

有好事降臨時，我不會將之歸諸好運，反而研究是什麼發揮了效果，接著繼續那麼做，停下無效的做法，並且持續測試好的文案。

二〇〇〇年夏天時，我去一間公司工作，在那裡寫了一封廣告函推銷要價九十七美元的CD-ROM光碟，照片如圖所示。在這個案子裡，我學會了如何製作自動執行的光碟片，以及錄製擷取螢幕畫面的影片，這在二〇〇〇年時是相當了不起的事。那封廣告函在三個月內替公司賺到了十萬美元，對公司來說是筆不小的金額。

我在不到九十天內，就想出替這個人創造六位數銷售漏斗的辦法。我太太和我搬離了拖車，買下我們的小屋，接著他在二〇〇一年六月開除了我。我永遠忘不了那個六月的星期五。當時新家有著一堆開銷，我卻沒有工作，撰寫廣告文案的能力才剛剛開始成形，因此內心感到相當害怕。我也永遠忘不了回到家時太太對我說的話：「基本上你有三十天的時間可以努力。順便一提，只要你賺到的錢有替他賺的三分之一，我們就會沒事。」

這個人每個月付我一千五百美元（每年一萬八千美元）。當時我的自我價值只有如此。我每個月賺一千五百元，替這個人創造了六位數的漏斗，他卻開除了我。在接下來的幾週當中，我撰寫或是與人共同撰寫了三封不同的廣告函。在二〇〇一年的最後四個月時，我賺到的錢比我在那之前四年加起來的都還多。結果我們在十八個月內就把小房子的錢付清了。

那就是了解如何撰寫良好廣告文案的力量。廣告文案改變了我的生活，也一定能夠改變你的生活。上圖照片是我們現在的家（從背面拍攝）。

我喜歡房子的冬景，原因是當年我們住的小拖車非常寒冷，因此我會坐在那個當作辦公室的房間裡，讓兩隻吉娃娃坐在我腿上取暖。我在那裡用電腦工作，一直沒有放棄讓文案奏效的夢想。

我就是活生生的例子，證明了無論你身在何處，撰寫好的廣告文案能夠改變你的生活。

重點整理

- 沒有人天生知道如何撰寫廣告文案。
- 學習撰寫精彩的文案就能夠改變你的一生。
- 閱讀《科學廣告》等經典著作。
- 全力培養文案寫作的技巧。

秘訣
03

沒有強烈的理由，大家就不會購買

「沒有理由，大家就不會購買。」
——吉姆．愛德華

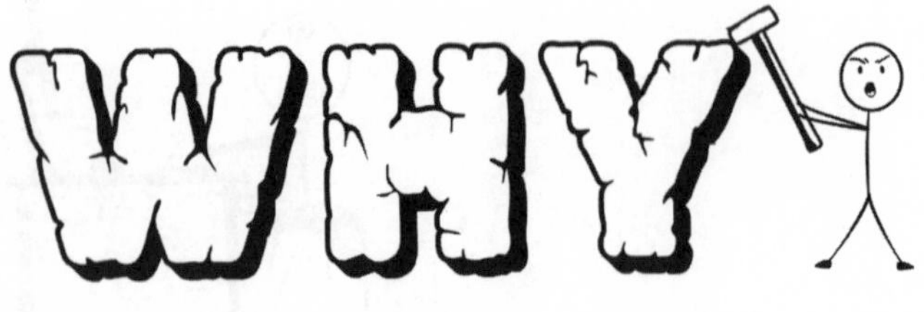

這是我學到最寶貴的一個祕密。就我看來，這是最快能夠改變生活的祕密。

請你將這點牢記在腦中。**大家不會無緣無故購買**。跟我說一遍：「**大家不會無緣無故購買**。」

大家購買的十個理由

此外還有其他理由嗎？或許有吧。老實說，我只把重點放在前五個大家購買的理由。在我了解這點之後，就徹底改變了我的生活，讓我靈光乍現。我的思維從此擴展，我知道要怎麼架構自己的訊息給別人看，讓他們了解為何要購買，以及如何將我的產品與他們的理由產生連結。我現在要來分享怎樣讓理由與購買產生連結。

大部分創造廣告文案的人都會給潛在客戶一個現在就要購買的理由，通常與省錢或賺錢有關，就這樣。那可能是替某個人賺錢，但並非替每個人賺錢。這十個大家購買的理由讓我在文案中能夠逐步拆解，並且做到更多事。

以下就是這十個理由，我們之後會說明要如何迅速在你的文案當中運用這些。大家想要購買，是因為想要：

- 賺錢
- 省錢
- 省時間
- 省力
- 避免身心的痛苦
- 獲得更多舒適感
- 增進清潔衛生與健康
- 獲得讚賞
- 獲得更多愛
- 增加受歡迎的程度或是社會地位

前五項理由，包含了賺錢、省錢、省時間、省力、避免痛苦，引起了我很大的共鳴，深深

印在我的腦海裡。那些都是大家用來將購物合理化的原因，也就是他們購買的理由。

此處的關鍵在於，要賦予多個購買的理由，而不是只有一個。請你這樣想：這就像是在暴風雨來襲時綁防水布，假如你只綁一角，很容易被吹到隨意翻動，但你若綁了兩個、三個、四個、五個角，突然之間，就能把布固定在你想要的地方。要做到這點，你可以透過詢問關於產品的某一類問題，並且得出有創意的答案。

關於產品，你可以詢問這些問題

你很可能覺得這麼做是多費工夫，不過只要稍微腦力激盪一下，就可以將之轉變為可以收到的數百萬美元。這是個相當有趣的練習。問題如下：

一、有哪五種辦法可以讓我的產品或服務能幫他們賺錢？

二、我或我的產品或服務，如何能夠幫助他們在未來的一週、一個月、一年之內省錢？

三、我可以替他們省下多少時間，他們可以用那些時間來做哪些其他的事？

四、在他們獲得我的產品或服務之後，可以不用再做哪些事？（這是你釐清如何幫助他們省力的方式。）
五、我替他們消除了什麼實際的痛苦？這對他們的生活或事業有什麼意義？
六、我的產品或是服務，能夠替他們消除內心的哪些痛苦或憂慮？
七、有哪三種方式，是我或我的產品能夠幫助他們覺得更舒適？
八、我的產品或服務如何能夠幫助他們更容易達到更清潔或更衛生的目標？
九、我的產品或服務如何幫助他們覺得更健康或更活躍？
十、有哪三種方式，能讓我的產品或服務幫助他們成為朋友羨慕的對象，或是讓他們獲得家人更多的愛？
十一、購買我的產品如何能夠讓他們覺得更受歡迎，或是增加他們的社會地位？

如果你誠實問自己這些問題，並且預測答案，就會對得到的結果感到非常驚喜。接下來，我要說明讓這些問題增強效果的方式。針對每個問題，請你強迫自己想出十個答案——現在你的大腦立刻迸出許多想法，對吧？幾年前，我向一位導師學會解決問題的方式，他說：「請把你想要解決的問題寫在一張紙上，接著請寫出各種解決方案，直到把整張紙寫滿然後請你翻到另一面，同樣把那面寫滿。」

簡單的答案會出現在第一頁的前三分之一。接著，在你寫完簡單的解決方式之後，你會需要埋頭解決問題，並且跳脫框架思考。就在那些答案當中，會出現真正的解方。即使你只回答問題五次，也會發現不那麼明顯直接的答案。

在你針對問題寫出兩個、三個、四個簡單的答案之後，你就會開始深入問題，思考你的客群是誰、他們想要做什麼，以及他們處在哪個生命階段。那就是你會開始寫出文案中條列式要點之處，在你寫下來的時候，會想著：「我的天啊，那真是太棒了！那將會帶來重大的改變！」

我想要向你下戰帖，要你接招回答清單上列的這些問題，並且回答這些問題好幾次。你所想出的答案，將為你的銷售能力帶來重大改變。

如何運用這個秘訣&問題清單

你可以讓這些原因與你提供的方案結合，放在你的標題、故事、條列要點、內文、呼籲行動的部分，以及其他所有的部分裡。透過這樣的鏡頭，一切都能夠聚焦，成為文案的基礎。在你了解其中一項或是多項原因之後，你就能夠以不平凡的方式將其與產品結合，這是你競爭者辦不到的事。

以下舉幾個例子說明。

蛋白質奶昔

我們如何把之前提到的十個理由，應用到鼓吹大家購買蛋白質奶昔？

- **賺錢**：早上喝下蛋白質奶昔之後，你就會精力充沛。你的工作表現就會更為出色，甚至獲得加薪。

- **省錢**：我們的蛋白質奶昔是市面上領導品牌價的七五折，但是成分卻更為出色。
- **省時間**：有了我們的蛋白質奶昔，只要三十秒鐘，你就能夠獲得營養的早餐。你可以在趕著出門之前，有更多時間陪伴孩子。這個理由也能夠與感受更多愛結合。
- **省力**：你只要三十分鐘就能做好早餐，而且非常好喝。
- **避免身心的痛苦**：你是不是很討厭每次吃太多早餐之後會脹氣？或是因為沒吃早餐而餓到不行？這種奶昔能夠幫助你解決那個問題。
- **獲得更多舒適感**：除非能夠幫你解決便秘，否則我不知道奶昔怎麼增加你的舒適感。
- **增進清潔衛生與健康**：喝了這種蛋白質奶昔之後，你在辦公室裡就不會有口臭。每天早上喝這種奶昔，經證實可以減輕體重，讓你穿上牛仔褲之後的體態更迷人。
- **獲得讚賞以及獲得更多愛**：早上你能夠省下更多時間陪伴家人。
- **增加受歡迎的程度或是社會地位**：你能夠減輕體重，體態變好；想想你即將會結交的新朋友。

主管教練式領導課程

這個產品很容易與賺錢結合。

- **賺錢**：不管你教別人什麼，都能夠讓他們在工作上表現更出色、獲得晉升，或是被其他公司挖角。
- **省錢**：你花錢請顧問做這件事，可能需要花兩倍的錢，但是我們會教你該怎麼做。
- **省力**：你不需要自己想出辦法。你要做的，就是使用我們經過驗證的範本，照著我們所說的去做，這樣就行了。
- **避免身心的痛苦**：打算加入主管教練課程的主管，可能會感受到什麼身心的痛苦？他們花太多時間在辦公室裡，忽略了自己的家人。我們將身心痛苦與愛及家庭狀態結合的方式挺有意思的。他們會在哪裡感受到身心的痛苦？他們花太多時間待在辦公室裡，結果小女兒開始叫上門送快遞的人「爹地」，有夠慘啊。
- **獲得更多舒適感**：加入我們的主管教練課程，讓金字塔頂端百分之一的成功人士，身處財訊五百大公司辦公室的一角，享受所有好處。

- **增進健康**：我們不僅會教你如何在工作方面登峰造極，也會同時教你如何平衡自己的生活。你就能夠掌握自己的健康與精力，成為表現更出色的人。
- **獲得讚賞以及獲得更多愛**：我們會告訴你安排時間的方法，這樣你就不用每天都在辦公室待到晚上十點鐘。你能夠準時回家，避免小女兒叫快遞人員「爹地」。

犬隻訓練的書籍

- **省錢**：我會從這裡開始。學著如何訓練自己的狗，就不用花每小時五十美元（台幣一千五百元）請別人來訓練你的狗，那個人還不一定是合格的犬隻訓練師。
- **省力、避免痛苦**：避免遇到被狗咬，或是狗去咬鄰居的問題。如今，你還可以強化下列論述這點——可以避免狗咬了別人而造成的訴訟問題，避免被告。這本書將能夠幫助你用正確的方式訓練狗，控制牠們的攻擊性。「噢，該死，我最好買那本書，我不希望因為我家的毛小孩咬了鄰居的小孩，結果讓我失去自己的房子。」

你可以把這些理由運用在一切事物上。在你了解理由後，你的工作就只剩下盡可能將這些與你的產品、服務、軟體等等結合起來。你必須指出為何大家要買你的產品的理由，尤其要超出別人也會運用的明顯理由。你必須盡可能將自己的產品與各種理由結合，越多越好。請你發揮創意，犯傻都沒關係，激發腦中的靈感，做些能夠令自己放鬆的事，讓心靈自由地馳騁吧。

你很可能會寫下五十個甚至一百個不同的理由。如果你發現某個獨特的視角，也就是沒有人發現過，卻能夠讓世界大為不同的理由，或是吸引大家的注意力，那麼你就會明白，為何這十個「大家購買的理由」，能夠就此改變你的文案以及觀念。

重點整理

- 請你記下這十個大家為何要購買的理由。
- 在你撰寫文案的時候，盡可能多使用這十項理由來將你的觀點「綁緊」。
- 不要落入總是說明賺錢或是省錢的老套。
- 運用這些理由時請發揮創意……讓自己的創意延伸！

秘訣
04
在你的文案當中，沒有人在乎你

「大家對你沒興趣。他們有興趣的是自己。」

——達爾・卡內基（Dale Carnegie）

大家不在乎你；他們只在乎自己。

這句話聽起來或許刺耳。你或許會認為：「噢，吉姆，那句話聽起來有點刻薄。我的顧客很愛我，每個人都愛我。那句話不對，他們確實很在乎我。」

才怪！

他們不在乎你。我認真說，他們真的不在乎。想想自己在買東西或是付錢的時候，你在乎的是什麼？請你老實說。你在乎的，是獲得和金錢同等價值的東西；你在乎的，是獲得對方承諾給予的；你在乎的，是你想要就能得到；你在乎的，是能夠符合你的需求。你在乎的，是一切與產品有關的事，以及這個產品會對你帶來什麼影響。

你不在乎什麼？業務員的小孩。你不在乎他們那天過得很不好。你不在乎其他的，只在乎自己是否能夠獲得應得的事物。我知道這聽來相當刺耳，卻是千真萬確。我很肯定或許會有特例，有人相當同情你以及你所發生的事，並且在他們付款之前想知道發生了什麼事，以及如何能夠幫助你。但是，這些人只是少數中的少數。

下面這個我學到的技巧，能夠讓你在撰寫文案的時候都環繞著他們。這是一條捷徑。請你在自己的文案當中，尋找下列這些字詞：

「我、我自己、我的、我們、我們的。」

你為什麼要尋找這些字詞？這些字詞顯示了你正在說明有關自己的一切。而你的潛在客戶並不在乎這些字詞，因為你在使用它們時，通常不會說出對客戶有益處的事物。

你要這樣說，別那樣說！

請你回頭再看一次自己的文案，找出使用「我、我自己、我的、我們、我們的」之處，並且改變視角，改變遣詞用字。

例如：「在這裡我想要告訴你一件事。」

改變視角後的說法：「這裡有件你必須知道的

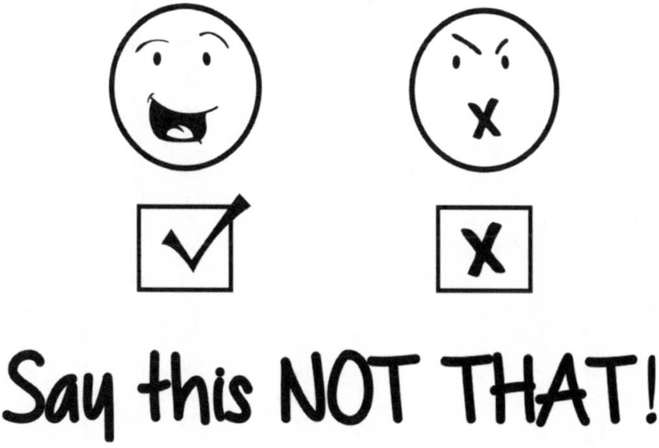

事。」

或是：「在這種情況下，有件事你必須知道。」

這樣聽起來似乎有點過度簡化，但實際上並非如此。大家不想聽到有關你的事。他們想聽到的是有關他們自己的事。**他們想要成為你廣告文案當中的主角**，而非由你當主角。他們希望能夠想像自己獲得成果的情形，而非由你獲得成果。他們希望整個交易過程都與他們有關，而非與你有關。

要做到這點，就要將你的文案從提到「你自己」轉成提到「他們」。他們如何能夠獲得更多東西？他們能夠獲得什麼好處？他們將如何能夠獲得想要的東西？搜尋你的整篇文案，尋找「我、我自己、我的、我們、我們的」。接著，請你改寫，改變遣詞用字，重新定位，改用「你、你自己、你的、你們、你們的」。

就是這麼簡單。有時候，你只會修改幾個句子，甚至僅調整半個句子。但是有時候，你很可能會看著這篇文案說：「你知道嗎？這裡我說的是我自己的心路歷程，提到的內容有些自我，與他們無關。我需要重寫這篇文案，說明這對他們有什麼好處。我必須告訴他們我的突破如何能夠幫助他們獲得想要的成果。」

這並不是說你絕對不能使用「我、我自己、我的、我們、我們的」等字詞，但必須有意識地去使用，確定使用的時候都能與「他們」產生聯繫，這樣才能發揮效果。

這句話聽起來刺耳，但是沒有人在乎你。他們在向你買東西的時候，只在乎他們自己。

重點整理

- 請讓你的廣告文案都圍繞著他們（潛在客戶）。
- 再讀一次你的文案，尋找「我、我自己、我的、我們、我們的」。你發現這些字詞的時候，請改變視角，讓內容都與他們有關，而非與你有關。
- 切記：潛在客戶不在乎你。他們在乎的是——是否符合他們的需求，是否能夠解決他們的問題，是否能夠消除他們的恐懼，以及是否能夠滿足他們的慾望。

秘訣
05

你將學到的技巧當中，最寶貴的一個

「每種產品都有獨特的個性，你的工作就是要把它找出來。」

——喬．修格曼（Joe Sugarman）

你將會學到的最寶貴技巧，就是文案寫作。大家會問：「學習撰寫文案值得嗎？或是我應該把文案外包出去給其他人寫呢？」答案是，對，你兩者都需要。

不過，我認為蓋瑞．海爾伯特（Gary Halbert）說得最好：

……這引導我做出決定。如果你真的需要世界級的文案，那你很可能必須學會自己寫。你看到了，我們少數真正能夠做到的人，撰寫能夠讓商品大賣的文案，在市場上非常搶手，除非你願意花大錢，否則根本請不到我們。即使你願意，還是得乖乖排隊。

史上最偉大的文案寫手之一，告訴你應該學著自己寫文案。為什麼呢？因為請別人寫文案，會讓你花一大筆錢，還得等上很長一段時間。

可以選擇外包，為什麼還要學會寫廣告文案？

我們都必須擅長撰寫廣告文案的原因有好幾個。首先在於速度。如果你急著要，費用必定非常昂貴。請別人撰寫廣告函時，他們要先把你的文案排入時程表，接著你得等二到四週才能拿到文案。但如果你說：「嘿，我下星期就需要那份廣告函。」他們會回答你：「好的。這樣吧，聽起來沒問題。我會以隔週交件的價格向您收費。」

第二個原因，是你不希望被挾持。在別人替你執行重要的業務時，你就會受到挾持，即使出於善意也一樣。他們擁有控制權，你能自主的卻不多。此外，如果你不擅長撰寫文案，就不知道他們的文案寫得好不好。

第三個你必須精通文案寫作的原因，是能夠馬上做更動。有時候，向別人解釋要怎麼改的時間，比你自己動手改還久。根據我的經驗，無論你從專業的文案寫手當中收到什麼，你都必須修改；無論他們給你的是初稿、第三版、第五版，你都得再自己修改。他們不熟悉你的業務內容，他們不知道你的利基客群，他們不了解你的產品，他們不像你一樣熟悉一切——你仍然必須修改文案。噢，要別人重寫無法使用的東西，會花你更多錢。

在你付費請別人替你撰寫文案的時候，他們會幫你寫。但那份廣告文案會奏效嗎？在使用之前，你不會知道。無論能不能夠發揮效果，你都得付費。如果你要花錢請別人撰寫，你最好對文案的好壞心裡有底。我們會在另外一章當中，討論如何付費請別人替你撰寫文案。

說到好的廣告文案，你要能夠自行創造，必須能夠分辨，必須在你所做的一切當中，都運用文案寫作的原理。你無法將文案寫作抽離出來，當作你不需要培養、了解、獲得的技能。你會需要廣告函，你會需要廣告影片的腳本，你會需要平面廣告。你不能說：「我不撰寫文案。我是公司老闆。我是整個流程的作者、創造者、管理者。」

你需要創造精彩的文案，因為精通廣告文案寫作能夠幫助你創造其他的內容，例如演講、網路研討會、臉書直播、其他你打算做的事。創造文案的能力，將能夠應用在其他領域，並且幫助你提升銷售量。

培養文案寫作的觀念

文案寫作的觀念，是雙重的思考路徑。假設你要製作臉書的直播影片，打算要分享三件事、三種方式，或是某件事的大祕密。突然間，就來到了尾聲。雖然你還在說話，但內心卻想著：「該是收尾的時候了。現在我需要說些什麼邀請他們來這裡做這件事。讓我給他們一點好處，說些話來邀請他們。」

我知道你在想什麼。「該死，吉姆，我辦得到嗎？」是的，你可以！你可以培養這種文案寫作的觀念，並且迅速做到。

例如，在教你撰寫廣告文案時，我很可能會用這樣的方式收尾：「這些就是三個你必須精通文案寫作的原因。順便一提，如果你希望能擁有創造精彩標題的捷徑，那麼請你到funnelscripts.com的網站看看Funnel Scripts。我們提供精彩的六十分鐘訓練影片，在當中會教你文案寫作的三大祕密。此外，你也能夠看到運用這個驚人按鈕工具的示範教學，教你超過五十種不同的廣告函、標題、條列式要點、廣告影片的小祕訣，以及如何不著痕跡地結尾。請你去看看吧。」

那就是你必須要會的事。你要如何培養這種文案寫作的觀念呢？

（一）專注；（二）練習；（三）留意自己的成果。

你不能這樣想：「我不需要知道有關文案寫作的事，因為我可以外包出去就好。」這樣真的很蠢。我知道說客戶蠢是不對的事，但你不太可能把這本書讀到這裡之後還那麼想；所以呢，我不是在說你蠢，而是說其他人笨。這就是我們和他們之間的對比，這個祕密很酷吧？

你必須先精通（或者至少相當了解）文案寫作，接著才能夠選擇哪些由自己來做、哪些要外包出去。

了解如何運用這些原則，以及能夠使用這些原則，會對你的事業造成重大改變。如果你想要精通文案寫作，我會教你快速精通文案寫作的最佳方式。這就像是想要精通引體向上或是擁有好身材一樣。

首先，你必須投入。其次，你必須練習。第三，你必須每天都寫……即使在你不想寫的時候也不例外。那不是你可以隨時打開或關上的能力，而是你會永久持有的能力。你養成撰寫文案的觀念，就能精通文案寫作；你需要投入、練習、每天都去做。

請你完全地投入，讓自己精通文案寫作，接著動手去做並且好好練習。在你精通之前，你至少要能寫得好；在你寫得好之前，你一定會寫得不好；在你寫得不好之前，一定先得試著寫。你就是必須做點什麼！接著你得費心思量，並且評估自己的結果：哪些行得通，哪些行不通？這就像是做運動。我可以詳細地告訴你，過去六年以來我所做的每組動作，伏地挺身，每一英哩要花幾分幾秒，以及做了多少運動、幾次循環訓練等等。為什麼呢？你必須能夠衡量自己的進步與成果，才能夠改善成效，讓自己更進一步。

接下來，你就做那些行得通的，不再做那些行不通的。要知道行不行得通，唯一的方式就是個別都做幾次。網路、社群媒體、便宜的平台廣宣投放，都能讓你不需要等上幾個月、幾個星期，甚至用不著幾天，你立刻就能獲得回饋，知道你正在做的事是否行得通。這是讓你精通文案寫作的絕佳機會，因為你能迅速獲得大量回饋。

請你研究那些文案寫得好的人。請你去尋找導師，這些導師可能透過文字、書籍或現場教練來指導你。這就像是鍛鍊體魄，在我投入於此、希望能夠擁有好身材時，我找了最棒的教練來協助我達到自己的目標：美國海豹部隊的史都．史密斯（Stew Smith），他訓練學員進入特種部隊，例如美國海軍的海豹部隊、陸軍的綠扁帽部隊、海軍陸戰隊武裝偵查部隊，以及空軍傘降救援隊。

他到現在仍然是我的教練。我剛開始鍛鍊時，只能做一個引體向上。現在我可以一口氣做三十三個引體向上；別人很可能懷疑說，這對一個五十歲的人而言，幾乎是不可能的事。撰寫文案也是同樣一回事。你必須學會動用那些「肌肉」。你很可能還沒辦法寫出創造百萬美元銷售業績的廣告文案，不過在充足練習之後，你就能夠在比你預期中學習歷程還短的時間內，寫出那樣的文案。

另一個讓自己精通的方式，就是用錢包學習。我不是要你花大把鈔票去學習如何撰寫文案，而要你注意那些會讓你在過去或現在願意掏錢的文案。請你思考一下。如果在別人的漏斗、廣告影片、臉書影片當中的文案讓你願意花錢，你就一定要分析那個文案，必須去了解哪一個銷售訊息對你發揮了作用，以及為什麼能夠奏效。

實際上的情況就是如此。一千次當中，有九百九十九次我們都是目標客群當中的一員。無論你是目標客群當中的一員，或者過去曾經是目標客群當中的一員，都有所幫助。如果某則文案能夠讓你掏錢，它就是好的文案，你就必須仔細留意。

要成為文案寫作的專家，需要多少時間？你必須畢生投入，不可能一蹴可幾，你不會在跨越某個門檻後就晉陞成為專家。

我遇過一些「大師級」文案寫作者，他們以自我為中心，散發出「不要跟我說話，因為我很酷」的氣場，這有點讓人卻步。精通文案寫作是無窮無盡的過程。你不可能在擁有好身材之後，就認為自此之後一生都不用再運動。只要你一個月都吃糖果、蛋糕、牛排、喝啤酒等等，你就會讓幾年下來的努力付諸流水。

不過，儘管上述是培養與維持寫作觀念的必經之路，你卻能夠縮短這個過程，方法就是分階段進行。你不需要精通一切，你需要的是以特定的順序去做某些事情。

第一步：讓自己擅長創造標題

讓我厚臉皮的廣告一下：FunnelScripts.com將能夠幫助你在十五分鐘之內，就創造精彩的標題。你可以花上好幾週甚至好幾個月的時間，來建立自己的廣告文案資料庫，也可以選擇將自己的廣告內容置入多年來大家累積的廣告文案資料庫與智慧中，透過使用Funnel Scripts來產出標題。你可以自行選擇要用哪種方式。你想要成為撰寫文案的專家，必須擁有的第一項文案寫作技巧，就是要能夠寫出精彩的標題。我們會在下一章當中，花更多時間來探討標題。

第二步：讓自己擅長撰寫條列式要點

你為何必須寫出精彩的標題以及條列式要點？因為你要撰寫的每一份文案都一定會有標題。大家在頁面上最先看到的字詞、在影片上第一眼看到的字詞、在臉書貼文上的標題，都運用了具說服力的標題原則。描述好處或是引發好奇的條列式要點，能夠帶給大家壓力，促使他們採取你希望的行動。

在第九個秘訣當中，我會告訴你撰寫條列式要點的終極公式，不過我們現在姑且不論。如果你能夠寫出吸引人的標題與條列式要點，就可以大幅領先你的競爭對手。在你擁有這樣的優勢之後，對手可說是相當悲慘。

接著你也必須精通如何喚起行動，以及說明與架構你所提供的方案。請你按照這樣的順序來精通文案寫作。你很可能認為自己必須先如何說明所提供的方案——錯了，不是這麼一回事。如果你的標題很糟糕，沒有人會去注意你的方案（甚至連看都不看）。

然而，如果你的標題抓住了大家的注意力，如果你的條列式要點對大家造成壓力，讓他們產生好奇心，如果你喚起行動的方式相當有說服力，那麼你提供的方案即使很糟糕，依然可以賺大錢；相對的，如果你的標題很糟糕，即使其他部分都很棒，也沒辦法賺到更多錢。這就是為何我告訴你必須按照這些階段的順序進行，也是讓你能夠迅速變成專家，培養文案寫作觀念的方式。

重點整理

- 在你所做的一切當中培養文案寫作的觀念。
- 先熟悉標題的撰寫，因為這點會最快讓你的廣告文案出現重大改變。
- 注意那些會讓你想要掏錢的文案。這就是好的文案！
- 不要停止學習；不要停止觀察；不要停止測試你的廣告文案。
- 參考資料：FunnelScripts.com——不需要聘請昂貴的文案寫手，你就能夠免費接受訓練與使用軟體，在不到十分鐘的時間內，創造自己的廣告函、腳本、網路研討會投影片。

秘訣

06

文案當中最重要的部分

「平均而言，大家閱讀標題的次數會是閱讀正文的五倍。」

——大衛．奧格威（David Ogilvy）

大家最需要的文案撰寫技巧，就是撰寫好標題。曾經有統計數字指出，十個人當中，有八人在看廣告或是網頁的時候只看標題，但十個當中只有兩人會閱讀文案的其他部分。

我不知道那個數字是否精確，但根據經驗可以告訴你，出色的標題與平庸的文案，效果遠勝過出色的文案加上差勁的標題。原因在於，好的標題往往較能吸引你的注意力。

如果你的標題很糟糕，沒有人會閱讀你的廣告函、看你的廣告，也沒有人會看你的影片。但如果你的標題下得很好，抓住人們的注意力，那麼大家就會閱讀你的廣告函、看你的廣告與影片。

標題的目的相當簡單：是要讓大家停下手邊正在做的事，並且開始閱讀（或是觀賞）你放在他們眼前的東西。

無論是實體的廣告函、網路上的廣告函、影片式廣告、平面廣告、臉書貼文或是其他內容，標題都會決定你是否能夠成功，完全沒有例外。

重點在於：你必須寫出非常精彩的頭條。那是大家首先要培養的技能，無論你是銷售什麼、販賣給誰都一樣。

撰寫出色標題的秘訣，在於必須與潛在客戶產生情感上的連結。良好的標題會鎖定大家的情感層面，通常是他們的恐懼或慾望。你的標題會針對他們害怕的事，或是他們真正想要的東西……並且連結到情感層面。

好的標題會針對你的理想讀者設計，你不會希望目標讀者群之外的人去閱讀這個標題。此外，構思付費刊登才能讓別人閱讀或點擊的網路廣告時，**好的標題能夠減少點擊的數量，卻又可以大幅增加點擊的品質。**

標題之所以重要的原因，在於若是標題沒辦法讓大家停下腳步，注意你即將說明的內容，那麼整個銷售流程就不會開始。

沒有寫出好標題的後果

一、成效不彰。

二、你感到挫折也很可能會放棄。
三、你浪費了很多時間、精力、努力，在撰寫沒有人看的廣告文案或訊息。
四、你永遠處在劣勢，因為許多對的人永遠看不到你的銷售訊息。

讓我很快地跟你說個故事，實際說明關於標題的祕密，希望能夠讓你學到一課。當時我已經從事網路銷售工作九年。我不記得確切的日期，不過我創造了一項產品，叫做「用五個步驟獲得任何你想要的東西」。

讓我來簡單告訴你相關的背景故事。

我曾經破產並且住在拖車屋停車場長達七年，但最終能扭轉劣勢，絕大部分歸功於我撰寫文案以及銷售教育產品（還有克服某些自尊問題）的能力。我把自己學到的一切變成這套我相當自豪的課程。我付出了許多時間、努力，做了相當多研究才完成這套課程。我將課程錄製成有聲光碟片（這在當時相當不容易），也花了許多錢來生產這套產品。一開始銷售這套產品時，我投入了滿滿的情感與金錢。

我替產品打廣告，發送電子郵件宣傳，當時感到非常興奮，因為我有好消息要和大家分享。我看到流量增加了，但是銷售量卻沒有——是零，完全沒長進。有幾百甚至幾千個人造訪網站，卻沒有人購買。我嚇壞了，心想：「我該怎麼辦？」

接著我深深吸了一口氣，問自己一個問題：「好吧，好的文案寫作者會怎麼做？」這個小小的聲音立刻回答我：「他們會測試標題。」所以我改變了標題，幾分鐘之後，就有人買單了；我再次更動標題，銷量來到五套。現在，我想告訴大家，標題的改變讓我的銷售量增加了百分之五百，但實際上並非如此。

我的銷售量其實是無限增加，因為我的銷售量從零增加到一，之後來到五，其間流量都是維持不變，造訪的客群也是同一批。我改變的只有標題而已。

我最初使用的標題（可能措辭有些許不同，我記不得確切的用字了），是「我如何讓自己從住在拖車屋停車場的破產遜咖，變成網路上的成功人士」。最後我把標題改成：「如何在事業以及人生當中獲得不公平的過人優勢！」

改變標題並帶來銷售量之後，我清楚體會到標題的重要性。第一個標題的重點是我。坦白說，我想「住在拖車屋停車場、破產遜咖」這個點子，很可能讓大家失去興趣，因為大家無法和這點產生連結。但是在使用了具有情感利益的「如何在事業以及人生當中獲得不公平的過人優勢」之後，大家很可能會想：「對，我想要擁有不公平的過人優勢。」那就像是種帶有罪惡感的快樂，是一種回報，他們可以自行填空，代入屬於他們個人不公平優勢。

僅僅透過更動標題，我就拯救了整個案子（並讓業務突飛猛進）。順便一提，在接下來的七天當中，我們就賺到六位數利潤。這是我印象最深刻的故事，因為這告訴我，光是透過改變一個標題，就拯救了整個事業。

你要如何將這點運用在你的情況或是事業當中，以加速獲得成效？

體認到你必須使用標題

這是首要之務。大部分的人忘記或是不重視標題。即使不是像廣告函那種正式的標題，你還是得替自己的影片、部落格貼文等等想個標題，就像你平常會寫的標題一樣。標題非常重要，即使簡單有如臉書貼文也不例外。你所做的一切，都必須要有那個機制來吸引大家的注意力——讓他們停下手邊正在做的事，注意你的貼文。標題就是讓你做到這點的方式。

這裡提供一些捷徑，讓你能立刻做到這點。標題（以及大部分文案）當中最棒的一件事，就是你可以模仿下列的公式照樣造句。此外，好消息是你可以發展出一套自己的公式，也就是我們所謂的**廣告資料庫**（swipe file）。

廣告資料庫收集了許多你喜歡的廣告，你會說：「哇，那個標題超棒，我可以拿來用。」我發現自己最成功的標題出現在電玩雜誌上。在《Xbox官方雜誌》（Xbox: The Official Magazine）封面上有個標題是〈你不該知道的俠盜獵車手IV祕密〉。我沿用並將之改成〈你不該知道的電子書銷售祕密〉。我用那個標題販售四十九美元的產品，卻創造出六位數利潤的事業。

廣告資料庫只是收集了能夠吸引你注意力的廣告。我喜歡收集關鍵報導、《時人雜誌》（People Magazine）、《國家詢問者》（National Inquirer）、郵購廣告、型錄等等。此外，最重要的是，任何讓你願意掏（自己的）錢的廣告，就是你應該放入廣告資料庫當中的廣告。

你能立刻取用的標題範本①

第一組是「如何」類的標題，就是如何獲得成果。切記，大家想要避免痛苦；他們想要獲得快樂。

如何獲得——

● 如何在你下次的體能訓練當中獲得更高分

● 如何擺脫面皰

你還可以來點變化，在「如何」的標題給大家加上時間框架。

如何在短短的——做到——

● 如何在短短的十天當中讓自己的伏地挺身次數加倍

● 如何在短短的二十四小時內擺脫面皰

寫法是：那些能夠吸引他們的結果（如何做什麼或是能獲得什麼），搭配一個會讓他們驚呼「噢，那樣就太棒了！」的時間框架。請你務必留意，那個時間框架必須有可信度。接著你可以再進一步。

如何在短短的——做到——……即使你——！

這個標題範本是表示你能幫大家排除可能阻礙他們的事、他們可能面臨遭遇的反彈，或是他們在半路上看到的障礙。

●如何在短短兩週之內就通過體能訓練……即使你現在連一個伏地挺身都做不到！

●如何在短短七天之內抗痘……即使你已經試過一切辦法卻沒有一個成功也一樣！

順便一提，這個範本的結尾超級棒的結尾。你可以把這個結尾用在任何地方……**即使你已經試過一切辦法卻沒有一個成功！**

以下再列出另一個效果很好的「如何」的標題範本。

每個——如何能夠——

●每個新兵如何能在十二週內成為體能訓練的戰神！

●每個有青春痘的青少年如何能夠迅速讓皮膚變得無瑕！

你能立刻取用的標題範本②

第二組你可以適用的範本，是我所說的「獲得你想要事物的方法」。這個標題與數字相互搭配的效果也很好。此處的關鍵在於使用三、五、七、九等奇數，這些數字的效果似乎比較好，可信度也比較高。此類標題運用在文章、部落格貼文、影片的效果甚佳，因為這些能夠引發好奇心，讓大家想要看下去，找出所能夠奏效的不同方式或選擇。

五個能讓你＿＿的簡單迅速方式

- 五個能讓你做最多伏地挺身的簡單迅速方式
- 五個能讓你擺脫青春痘的簡單迅速方式

三個能讓你迅速獲得＿＿且避免＿＿的方式

- 三個能讓你在體能訓練當中獲得高分且避免落入「胖男孩」體能訓練班的方式
- 三個能讓你擺脫面皰且避免尷尬的方式

接著我們可以利用「即使」的敘述來強化說明，讓他們擺脫與過去失敗之間的連結。大家都想要克服失敗！

五個能讓你＿＿的簡單迅速方式……即使＿＿！

- 五個能讓你在體能測驗迅速獲得高分的方式……即使你上次沒通過測驗也一樣！
- 五個能讓你擺脫青春痘的簡單迅速方式……即使你現在的社交生活一團糟也一樣！

同樣的，你也會想要點出他們正在擔心的事，告訴他們這一切沒問題。

你能立刻取用的標題範本③

第三組效果良好且能夠抓住大家注意力的標題範本，圍繞在「錯誤」上。大家非常害怕犯錯，我們在學校裡學到錯誤是不好的。請思考一下這點，學校會因為我們犯錯而扣分。難怪大家那麼害怕！請你利用這點，把錯誤放在標題當中，抓住大家的注意力。

你會犯下哪種——錯誤？

- 你會犯下哪種體能訓練測驗的錯誤？
- 你會犯下哪種治療青春痘的錯誤？

接著你可以加入他們在團體當中的角色，讓他們產生身分認同，抓住他們的注意力。

所有——都必須避免的——錯誤！

- 所有新兵都必須避免的體能訓練測驗錯誤！
- 所有孕婦都必須避免的痤瘡治療錯誤！

每位——都必須避免的——錯誤！

- 每位海軍都必須避免的三個體能訓練測驗錯誤！
- 每個青少年都必須避免的五個粉刺治療錯誤！

你能立刻取用的標題範本④

第四組我們可以運用的範本，就是「警告」的標題。我已經忘記在哪裡讀到的，但有沒有了解這點卻會改變你的一生。很少人知道動物（尤其是生活在叢林裡的）遇到危險時會有什麼反應：只要有一種動物發出聲音示警，**無論是哪種動物示警，所有動物都會做出回應**並且豎起警戒；但如果有動物發出解除警報的聲音，只有該物種的動物會回應。例如，有一隻金剛鸚鵡大叫示警，通報有隻老虎來襲，所有的動物都會注意；但若是金剛鸚鵡啼叫表示警報解除，唯一會注意到的只有金剛鸚鵡。

使用警告式標題會引起所有人注意，即使對方不是你的直接目標讀者群也一樣。你必須要當心，不要濫用這點，否則會變成一種噱頭，搞得大家很生氣。我們被訓練得會留意警告，警告標示也在日常生活當中隨處可見，例如處方藥物、包裝絨毛玩具的塑膠袋等等。大家對警告的反應是感到害怕，所以請你就用警語的標題抓住大家的注意力！

警告：這麼做有濫用的可能

請不要當個喊「狼來了」的小男孩。如果你要使用警告的標題，那麼請明智且務實地使用，否則的話，就會減損你的可信度。

- 警告：每個新兵都必須了解新訓中心體能訓練測驗的這些事

警告：每個——都必須了解——的這些事

- 警告：每個青少年都必須了解使用成藥治療青春痘的這些事

警告：在你閱讀本文之前，根本不用想要——

- 警告：在閱讀本文之前，根本不用想要通過下次的體能訓練測驗
- 警告：在閱讀本文之前，根本不用想要擺脫你的青春痘

你能立刻取用的標題範本⑤

以下是其他在不同情況下也能發揮良好效果的標題範本。

如果你想要＿＿，這就是最完美的解決方案

- 如果你想要在下次的體能訓練測驗獲得高分，這就是最完美的解決方案
- 如果你想要在本週內讓皮膚變得無瑕，這就是最完美的解決方案

如果你想要＿＿，這就是最完美的解決方案（即使＿＿）

- 如果你想要成為體能訓練的戰神，這就是最完美的解決方案（即使你現在只能勉強做二十下伏地挺身）
- 如果你想要擁有更無瑕的肌膚，這就是最完美的解決方案（即使你現在感到完全無望）

經我證實能夠讓你＿＿的＿＿方法

- 經我證實能夠讓你引體向上個數加倍的「引體向上推」方法
- 經我證實能夠讓你永遠擺脫青春痘的「淨膚」方法

好的標題俯拾即是

在你了解標題都來自範本之後，會發現標題在你身邊俯拾即是；在超市排隊結帳，就是一個很棒的觀察地點。請你看看那些八卦雜誌的標題或是目錄。你不必去閱讀名人在外太空和外星人有一腿的故事，請你瀏覽那些主題的標題就好，看看他們如何架構，以及怎麼將這些改成符合你需求的標題。

標題的範本就在身邊，請你特別留意。從注意哪些標題能夠**吸引你的注意**開始，特別是在閱覽文章、部落格、貼文、電子郵件廣告的時候，從中獲得靈感，藉此製作你自己的廣告資料庫。順便一提，那是條捷徑：集結自己的廣告資料庫，並且留意能夠幫助你迅速產出頭條的公式。

說到頭條，我要給你一個最重要的建議，就是在了解自己需要運用頭條以外，也要刻意花時間撰寫頭條，不要像其他人一樣把頭條當成最後才寫的任務。

以我自己來說，我會花百分之五十的時間來撰寫文案的標題，無論是廣告函、電子郵件廣告、明信片、臉書貼文等等都一樣。如果撰寫文案總共會花我兩個小時，我很可能會用一個小時撰寫標題（並非每次都如此，但經常都這樣）。你需要在標題上花足夠的時間與注意力，因為這個元素相當重要。

標題會啟動整個銷售的流程。

重點整理

- 花許多時間處理標題，尤其是廣告文案與平面廣告的標題。那是決定成敗最重要的因素。
- 絕對不要在網路上張貼沒有標題的文章，或是第一句寫得不夠吸引人的敘述。如果有所懷疑，就利用好奇心把大家拉進來（例如：害人賠大錢的天字第一號標題寫作錯誤）。
- 只要你寫出了成功的標題，就再想出一個新標題，測試一下，看看是否能夠達到更好的效果。我曾經看過光靠改變標題，就讓銷售量增長為五倍的情形。

秘訣

07

沒有「一體適用」這回事

「我不知道要怎麼對每個人說，我只知道怎麼對某個人說。」

——霍華德．戈沙基（Howard Gossage）

有個錯誤是多數人都會犯的，在網路上更是如此：他們不會區隔流量，把錯誤的訊息傳遞給錯誤的客群。還記得我們說過標題的事嗎？這個錯誤尤其容易出現在標題上。

如今每個人都會架設網站，網站上線後，大家都非常興奮，心裡想著：「我的天，網站架好了。感謝老天，現在我可以開始賣東西了。」他們把流量引導至銷售頁面去，問題是，那些流量並非僅由同一群人所組成。實際上，在你撰寫網頁文案（尤其是標題）時，有三種類型的流量你得要特別留意。

以下是尤金．史瓦茲（Eugene Schwartz）所說的一段話，他是過去的文案撰寫大師。他寫出這段話時，網路還沒出現。

「如果你的潛在客戶注意到你的產品，並且了解這項產品能夠滿足他們的慾望，你的標題就該從產品出發。如果他沒有注意到你的產品，只存在某種慾望的話，你的標題就應該從慾望出發。如果他還沒察覺自己真正想追求的是什麼，但擔心某個普遍的問題，你的標題就應該從問題出發，並且將之轉化為一個具體的特定需求。」

熱的、暖的和冷的流量來源

- **熱流量來源**：已經在你電子郵件清單裡的人，或是在社群媒體追蹤你、知道你的名字的人。
- **暖流量來源**：期待解決某項問題，卻還不認識你的人。
- **冷流量來源**：根本不知道有解決方式存在，但知道他們有問題要解決的人。

每個族群都必須從你這裡接收到不同的訊息，因此不存在一體適用的訊息。

我會用好友史都．史密斯的體能訓練測驗作例子。史都曾經是美國海豹部隊成員，畢業於美國海軍學院，他負責訓練來自美國海軍的特種部隊成員，也替那些想加入軍隊、警察、消防隊的人做好測驗準備。史都販售有關體能測驗的資訊，幫助那些想要進入或是待在對體能有高度要求行業的人做準備。以下為他根據不同族群所發送的訊息。

給熱流量來源的訊息

那些認識史都、在他電子報訂閱名單上的人，每當史都出新書說明如何為體能訓練測驗做準備時，都會買一本來看。訊息傳達的方式非常直接，所有的平面廣告、文案、社群媒體貼文都會寫著：「嘿，史都・史密斯又出了一本新書，書名是《如何在短短兩週內通過你下一次的體能訓練測驗》。你一定要看看，因為這本書會教你如何做這個、這個還有這個。」

這種直接的訊息，能夠對認識史都的人發揮良好的效果。

給暖流量來源的訊息

針對臉書上的人們，史都瞄準「不認識他，卻在軍隊或是其他工作上需要通過體能訓練測驗」的人。他撰寫有關準備體能訓練測驗、鍛鍊良好體格（以免讀者尚須加強體魄）的平面廣告，並且告訴你萬一失敗了怎麼辦，以及在某些特定方面應該如何改善。這些平面廣告與貼文，都會把人引至他的書去，但他首先必須要用一個大家正在尋找的解決方案來吸引目光，接著再引導這些人去買書。他們知道自己的需求（準備體能訓練測驗），知道他們希望獲得的結果（通過測驗），因此他們能夠接受圍繞著那些主題的廣告與內容。

給冷流量來源的訊息

這群人體格不佳，總是沒辦法通過體能訓練測驗，而且不知道該怎麼解決問題。因此他們獲得的訊息，應該圍繞在這些問題，例如：「上次體能測驗沒通過？不知道該怎麼辦？你並不孤單，解決辦法在這裡！」

透過這種鎖定目標的方式，每一群人都會獲得專屬於他們的銷售訊息。

將銷售的訊息傳遞給對的人

然而，大多數人的廣告文案都會這麼寫：「我們幫助大家通過體能訓練測驗！」

這份廣告文案的問題在哪裡？

已經認識你的人不需要這個訊息。他們需要你提供更清楚的說明，了解現在你能怎麼幫助他們。

那些不認識你、但是正在尋找解決方案的人，**有可能回應**那個普遍放送的訊息。不過，他們對於更明確的訊息傳達，反應會更好，例如：「我們能幫助大家通過聯邦調查局學院體能訓練測驗」；「我們能幫助大家通過美國陸軍突擊隊評量選擇計畫的體能訓練測驗」；「我們能幫助大家做好和海豹部隊簽約的準備」。

最後，對那些根本不知道有機會通過體能訓練測驗，或是聚焦在特定問題，例如肥胖、跑步太慢、從累積性創傷當中復原的人來說，那個普遍放送的訊息完全不會引起共鳴。

在撰寫廣告文案時，你需要留意到這三個客群。視你處在事業的哪個階段而定，你很可能會擁有大量的客群屬於當中的某一類——如果事業剛起步，大部分的客群會在溫流量與冷流量當中；如果你的事業、產品、服務需要大量的說明，才能讓大家知道有這項解決方案存在，那麼大部分的客群屬於冷流量。

如果你主要的對象是冷流量，訊息的重點就必須聚焦在大家的問題上，接著你再從說明問題及其引發的需求，轉變為你的解決方案能怎麼滿足該需求。就像標題一樣，關鍵在於吸引對的人。有沒有將銷售的訊息傳遞給一群對的人，會產生天壤之別，是決定你賠錢、收支平衡或獲利的關鍵。

順便一提，區分流量最簡單的地方，就是在臉書上。幸好現在有了Click Funnels等工具，你很容易就能夠製作不同的網頁，將不同的客群分流，把正確的訊息傳遞到正確的人面前。

大家在閱讀你的標題與平面廣告時，有區隔的訊息能夠讓一切變得大為不同。那個人會迅速判斷：「這是給我的嗎？這個人了解我的問題嗎？」

一%購買vs二十%購買

那麼，不運用這個秘訣會有什麼下場？

答案是，你把流量轉換成銷售量的結果會相當差強人意，因為你把錯誤的訊息放在錯誤的人面前。讓我來用假設的小故事跟你說明這一點。

你正在跟某個人說明你正在販售的山姆大叔防毒軟體，對方知道他們的系統有病毒，卻不知道該怎麼解決。在這種情況下，你的訊息應該著重在你和你的產品。

但是，如果你不這麼做的話會怎樣？要是你不理會他們，只一股腦地灌輸你想跟他們說的話呢？

那個人告訴你：「我想我的電腦中毒了，我不知道該怎麼辦。」

結果你告訴他山姆大叔防毒軟體的基本，以及這套軟體如何獲得國際軟體評論版的五星級評價。他們則看著你說：「那我要怎樣把電腦裡的病毒殺掉？」

你回答：「山姆大叔防毒軟體是世界第一名。」

這樣的對話沒有任何意義！你在說明你的產品以及你自己，他們則在說明他們的問題。現在，你很可能會對自己說：「吉姆，老實說吧，他們當然會腦筋一轉，想到：『嘿，那是世界上第一名的防毒軟體，顯然能把病毒從我的電腦移除。』」

真的如此嗎？那是適合**他們**的防毒軟體嗎？能夠解決影響**他們**的病毒嗎？他們不知道答案，你也沒有告訴他們答案。你的軟體並**不是他們的重點**！你的品牌**不是他們的重點**！你的名字**不是他們的重點**！你必須**先和他們想要進行的談話合拍**，才能夠引導他們前往你正在販售的解決方案。

因此，如果他們把重點放在問題上，你和他們對話的時候，就應該用問題開頭，好跟他們站在同一陣線，接著告訴他們你擁有解決方案。

如果你電腦中毒的新朋友想要尋求特定的結果或是解決方案，例如：「嘿，我需要防毒軟體。」但他們並不是說：「我需要山姆大叔防毒軟體。」那麼你可以用這樣的話引導他們：「你需要防毒軟體嗎？看看這個吧！」

但如果同樣的人說：「嘿，我在考慮買山姆大叔防毒軟體。」那麼他們需要的是山姆大叔防毒軟體的詳細資訊，而不是防毒軟體的一般性廣告。

如果他們說：「我的電腦有問題，跑得很慢，有時候會毫無預警就關機。」**你不會說**：「你的電腦中毒了！」而是會說：「你的電腦跑很慢，而且會無預警關機？造成這種情況的主要原因有三種，讓我跟你說明。」接著你引導他們前往可能的解決方案，包含使用防毒軟體。

如今我知道最後一點的界線很模糊，你很可能需要再讀一次，但這條界線所造成的差別，就是你會讓造訪你網站的人當中，僅有百分之一購買你的產品，還是百分之二十的人購買你的產品！

要了解這點最快的捷徑，就是思考跟你進行談話的對象，對你的產品或服務來說，是屬於熱流量、溫流量或冷流量。

- 跟那些認識我們也知道我們在做什麼的人，應該如何進行對話？
- 跟那些知道自己有問題待解決，卻沒有注意到我們的人，應該如何進行對話？
- 跟那些知道自己有問題，卻連有解決方案存在這回事都不知道的人，應該如何進行對話？

想要迅速在網頁上做到這點，你可以製作三個不同版本的網頁文案，並且分成三個不同的入口頁面。接著，請你根據流量來源（熱的、溫的、冷的），將每個頁面的標題改成適合流量溫度的標題。之後請你從客群的角度看一下廣告文案，並且調整現有的內容以符合流量的溫度。大多數時候，你的完成度會是百分之九十九，只需要簡單修改一下即可，尤其是銷售訊息的開頭，通常把它稱為「開頭主旨」（lead）。

為了方便起見，請不要同時針對多個目標群。請選擇一個最快可能有進展的，把重點放在這些人身上。例如，如果你有一份電子郵件清單，請把你行銷的重點全放在這個熱流量來源上！對你臉書與其他社群媒體的追隨者也做同樣的事。在此之後，請針對溫市場，最後再替冷市場撰寫文案。順便一提，冷市場通常範圍是最大的。如果你能夠與他們產生連結，就可以進入大量銷售的世界！

重點整理

- 辨認能夠運用你產品或服務的不同群眾。
- 分辨那些群眾，並且致力於將正確的訊息傳遞到他們眼前。
- 請不要偷懶，落入一體適用的銷售訊息陷阱當中。

秘訣 08

遇見弗雷德（你的理想顧客）

「把讀者的樣子投射到他自己身上，
並且在之後告訴他，
你的產品如何能夠符合他的需求。」

——雷蒙．魯畢卡（Raymond Rubicam）

撰寫文案不該是活在象牙塔裡自說自唱。你在撰寫文案的時候，是要寫給特定的一群人看；更精確地說，儘管你正在撰寫的內容，很可能會讓上百萬個不同的人看到，但每個人卻是獨自看到的。你必須時刻放在心頭的一件事，是「你知道自己在寫給誰」。你很可能聽過「理想原型」（avatar）這個詞，指的是你理想客戶的完美代表。我把你的理想原型稱為「弗雷德」，也就是你新結交的摯友。

在本章揭露的秘訣當中，我們會說明如何在真實的世界裡定義目標客群的理想原型、為何定義你的目標客群事關緊要，還有讓你能夠迅速找出理想原型的簡單工具，以及如何用不同的方式看待你的理想原型。

我接下來要教你的秘訣，正是「二八法則」中能夠為你帶來八十％成效的二十％關鍵，你付出的精力、注意力、努力都會非常有效率。大家提到理想原型時，他們常常把情況變得更複雜，不然就是教你怎麼創造關於理想原型的故事。雖然這項資訊相當實用（總比不知道來得好），但你仍然必須用能夠幫助你創造出色文案的方式，來定義你的理想原型。

為什麼需要定義「弗雷德」？

你必須知道弗雷德使用的文字，以及表達自己想法的方式。你必須知道他的心裡想著什麼、腦袋是怎麼運轉。因為他腦子裡發生的事，將會決定你是否能夠賣出東西，你是否能成為對方選擇加入的方案，你是否能獲得點擊。

你必須比弗雷德更清楚他腦子裡在想什麼；你必須了解如何**進入他腦中正在進行的對話**。如果你沒有談論他想聊的話題，如果你沒有給他看他想看的東西，如果你沒有說他想聽的話，他將會忽略你接下來提出的一切。

定義你的目標客群

在進一步說明之前，你得知道我之前曾被逐出商學院。我的統計學成績是D-，只因為我同意離開商學院、改為主修歷史，我才沒有被死當。我教你的一切，全都來自於我的個人經驗，而非出於理論；這些資訊全都根據實戰經驗，是實際上出生入死，賣東西給顧客、和客戶面對面，或是透過網路獲得的經驗。

首先，請你先了解對方是誰。提到定義目標客群時，有兩派不同的看法。我偏好「利基」（niche）這個詞彙更甚於目標客群（target audience），因為利基指的是特定的一群（或是一個子群）的人。

許多時候，你聽到別人談論到利基時，他們是指關鍵字的點擊率，或是關鍵字的數量。「我的利基被搜尋了十萬次」，或是「我的利基有百萬個某某」。但有件事情你必須搞清楚：向你買東西的是真人，關鍵字的點擊次數並不會向你買東西。更精確地說，大家會分別向你買東西。你必須知道這群人分別是誰，以及他們有什麼共同之處才會被歸入同一群。

提到定義你的利基時，有兩派學說。其中一派是人口分布，你要測量與觀察年紀等（例如四十三歲白人男性）項目。你必須注意性別、注意地點。人口分布是以數字為基礎的。

這派學說的問題在於人口分布的範圍相當廣泛。雖然我可以告訴你，那些向我買東西的人，多半介於四十至六十五歲之間，六十％為女性，四十％為男性，居住地點位於美國、澳洲、英國、加拿大以及世界其他各地的一些國家，這樣的資訊仍然過於廣泛，無法用來銷售。相當有趣的一件事是，儘管大家會注重在人口分布上，如果你完全將注意力放在人口分布上以及如何運用這項資訊，就會很難賣出任何東西。

我自己則偏好使用心理變數。心理變數指的是在一個人腦中發生的事：他們在想什麼？他們背後的動機是什麼？他們的態度如何、有什麼渴望？我會先使用心理變數，接著再運用人口分布來針對我的利基進行細部修正。

心理變數是我了解的東西。弗雷德面臨特定的一些問題，也有自己的興趣、慾望和目標。在文案寫作當中，有些事情相當重要。如果我知道你的問題，又知道你有興趣的東西，那麼我就知道該如何與你溝通。我知道如何把一些小禮物放在你的面前，藉此引起你的注意；我知道如何與你的感受產生連結；我知道如何了解與分辨你將會遇到的各種狀況，並且將銷售訊息放在這些地方，呈現在你面前。

你可以運用這些資訊來縮小你的訊息範圍，因為要了解你的客群，最主要的工作是排除不相干的人，而非吆喝大眾群聚。我寧可擁有一萬名精準聚焦、可以傳達特定銷售訊息的的客群，而非十萬名隨機對不同東西感到有興趣的群眾，即使我浪費大筆銀子把廣告文案呈現在他們面前，他們卻什麼都不買。

你必須定義目標客群是誰，並且需要用特定的方式做到那一點——這就是我目前要幫助你做到的事。實際上的定義可以分為三個層次。

第一層是利基的概念。利基的定義太廣泛了。以房地產為例，它牽涉的範圍過於廣泛，你無法用來打廣告、寫出有意義的廣告文案。

第二層這裡是進入我所謂的子群利基，這是大利基之下較小的部分。在我們所舉的例子當中，「不動產投資者」就是子群利基。在這個子群利基裡面，有多種不同類型的不動產投資者。我個人曾經處於幾個不同的利基之中，我當過轉手房屋的投資客，也買過與持有房屋，還做過房屋抵押借貸商。

最後我們需要進一步探究，才能找到我們的弗雷德。現在來看看能夠精準聚焦的微利基。正如子群利基是廣義利基的一小部分，微利基則是子群利基更小的一部分。在這個例子當中，我們可能會討論轉手房屋的投資客，也就是那些買下一間房屋，希望在三十到六十天左右轉手賣出並從中獲利的人。

現在，這個微利基的客群就是弗雷德——轉手投資客弗雷德。他的需求和不動產經紀人朗尼，或是不動產投資者蘭帝、自用房屋買主蘇與強尼的需求都各有不同。了解轉手投資客弗雷德能夠讓你的廣告文案大幅進步，因為你已經更了解他是誰。

為什麼你會希望像這樣把利基的範圍縮小呢？首先，你會比較容易鎖定目標。當你在臉書或Google Ads上放廣告、在其他網站購買廣宣，或是在別人的電子報上放平面廣告，你都必須先知道要把廣告投放給誰。

這麼做也比較容易找到你的利基，你會知道他們的模樣。你能夠找到更多人，並排除那些不符合理想目標的人。你不僅能夠賺更多錢，也可以省下更多投放廣告的支出。

縮小目標也讓你更容易與客群溝通，因為你能使用他們運用的語彙。廣告文案就是用神奇的詞彙讓他們買單。這些是他們正在使用的詞彙，他們因此知道你聽見了他們的聲音、了解他們、不是用高高在上的姿態向他們說話。正確的訊息就是含有他們使用的詞彙、他們想聽的內容，並直接針對他們的訊息。

縮小範圍比較好。儘管坊間說法紛紜，要送出一個訊息並且有效影響上百萬人，其實是極其困難的事，那通常會是系統性、大規模、一般性的方案。如果你確實是打算提供那種通用方案，適切客群人數又有百萬以上，並且有把握做出好廣告，當然值得放手一搏。不過，大多數人在「窄而深」情境的表現，會比「寬而淺」情境優秀得多。

如何定義自己的理想原型

我喜歡把自己的理想原型定義為弗雷德。弗雷德（Fred）的名稱源自四個詞彙——恐懼（fear）、結果（result）、期待（expection）、慾望（desire）——的開頭縮寫，但在我深入探究並且使用多年之後，我想出更好的方式來說明或有系統地解說理想原型。

你必須為自己的理想原型命名，因為每當你坐下來從頭開始寫文案，或是使用Funnel Scripts等工具撰寫文案時，你都必須想著特定的人。還記得嗎？我說過你可能是把東西賣給一百萬個人，但他們每個人都是分別購買的。你必須跟特定的個人溝通，而非跟一個群體溝通。

在上述使用的範例當中，我們的房屋轉手投資客理想原型叫做「轉手投資客弗雷德」。如果你的利基市場是園丁，他們都是園藝大師嗎？我有個朋友在販售運動器材，他把理想原型稱為沙發馬鈴薯，因為這些人如此自稱，他要幫助他們變成進化版沙發馬鈴薯。這些人是家庭主婦嗎？是科幻迷嗎？做什麼職業？他們是誰、叫什麼名字？你必須替他們取個名字。之後改名也無妨，但你必須要能說出一個特定的對象。

另一件你可以做（我也已經做了）的事情，就是用Google搜尋名字、看看使用Google影像搜尋會出現哪些圖片，接著選一張印出來。在你準備動手撰寫轉告文案的當下，請你想像自己在跟那個人說話、要寫東西給他看。這樣能夠大幅增加你寫出優質文案的機率。

大家買「想要的」而非「需要的」

現在我們知道他們「是誰」了，再來得討論他們想要什麼。

我開始撰寫文案時，心裡想著：「我必須販售這些人需要的東西。他們需要什麼？」而我學到的教訓是：**不會有人買他們需要的東西**。

大家都需要減重，但是大家都毫無作為。大家會買他們想要的東西，就這樣，沒了。重點在於**大家買他們想要的東西**，**「不是」他們需要的東西**。

你必須賣給大家他們想要的東西。你必須**想要賣**他們想要的東西，而非他們需要的東西。有些人很難接受這一點，但我不是在說你所販售的東西，不必包含他們需要的東西，不過從撰寫文案的觀點而言，你只需說明他們想要的，不必講出他們需要什麼。就像你跟小孩說他們必須上床睡覺，小孩心裡想的是：「免談。我想要熬夜，吃粉末糖，看網飛上的卡通一整晚！」那才是他們想要的！

不去說大家需要什麼，而是說他們想要什麼。在你賣給他們的東西或是服務當中，納入他們需要的部分，不過在你撰寫文案的時候，只會說、展現、包含他們想要的內容。其中關鍵在於你必須能夠了解這種差異。通常我在傳授這點的時候，大家會說：「嗯，這樣很不道德。你必須賣他們需要的東西給他們，否則他們不會得到你承諾的結果。」我要說的是：你賣他們想要的東西給他們，當中則包含他們需要的東西。」

進階版的弗雷德定義

PQR2是能夠進入你客群大腦的密碼，它們分別代表：

- ●P：抽象問題（problem）
- ●Q：具體問題（question）
- ●R：絆腳石（roadblock）
- ●R：結果（result）

請你想像一下。弗雷德在懸崖邊，面臨著一道深淵，看著懸崖的另一側。你的客群也在這裡。

他想要抵達懸崖彼岸，但要如何搭起跨越鴻溝的橋樑？你的廣告文案便能做到。弗雷

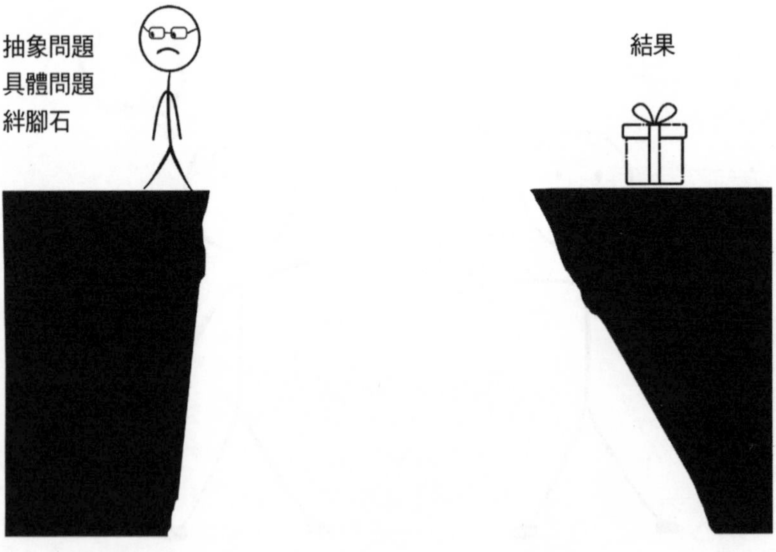

德所站的這一側有什麼？他覺察到自己的抽象問題，產生一些具體的問題，也面臨種種絆腳石。確實有些事情讓他卻步不前。他完全專注在他的抽象問題、他的具體問題、他的絆腳石上。他也會注意他想要的結果，目前正位於懸崖的彼端。他想要從這一端前往另一端。

即將幫助他達成目標的——注意其中的區別——是你的廣告文案，而不是你的產品、服務或是軟體。

除非他自己**在心裡能夠先跨過鴻溝**，否則他無法實際上跨越這道鴻溝。你的廣告文案能夠幫助他做到這點。他的抽象問題、具體問題、遭遇到的絆腳石，都深植在他原本的懸崖當中。這些ＰＱＲ２定義了你的利基。你了解

這些抽象問題、具體問題、絆腳石以及結果，把它們轉換為子群利基或是微利基。

讓我們從另一個角度來看待這件事。我們知道弗雷德在哪裡，他只想到ＰＱＲ；他希望能獲得成果，但大多數人都陷於自己的困境裡，彷彿他卡住了。在原本的懸崖上，我們有棍子；在彼岸的懸崖上，有胡蘿蔔。事實上，棍子的力量在他的世界當中，遠大過胡蘿蔔的力量，如果你定睛瞧瞧，會是三比一：弗雷德在同一側看見了抽象問題、具體問題和絆腳石，他想要的結果則在另一側。

要讓他跨越這道鴻溝，你就必須用廣告文案搭起這座橋樑。如果他有具體的問題，你讓他知道你有解答；如果他有絆腳石，你告訴他

怎麼移開。因為他心裡只想著這些抽象問題、具體問題和絆腳石，你如果想促使他向前邁進，就必須讓他看到你能夠解決問題、提供解答、搬開阻礙。直到這個時候，他才願意邁開腳步，從他所在的位置跨越橋樑，邁步至他打算前往（購買）的地方！

任何形式的廣告文案都能用來幫助弗雷德跨越鴻溝，可以是廣告影片、長篇行銷文案、推廣影片、文章、其他文案等等。無論你把它當作廣告文案，或是內容推廣、行銷文件等等，這都是他腦中所想的事。你了解這些抽象問題、具體問題、絆腳石，接著一一解決，並且讓弗雷德知道如何利用你販售的東西達到目標。

還記得我們討論過冷的、溫的、熱的流量嗎？這個觀念可以處理一些冷流量以及一些溫流量。如果你想靠廣告文案賺大錢，就必須與冷流量打交道，而這就是你實做的方法：你非常了解你的理想原型，即使他們仍處於冷流量階段，你已經能夠利用抽象問題、具體問題、絆腳石與他們溝通。

請你聚焦在理想原型的抽象問題、具體問題、絆腳石、結果上。你必須要完全抓住弗雷德的注意力，他才不會去想其他東西。他腦中進行的對話只會圍繞著這四件事：抽象問題、具體問題、絆腳石、結果。

接下來你的問題就變成：你如何得知弗雷德腦中的事？你要去哪裡以及如何找出理想原型的抽象問題、具體問題、絆腳石、結果？

如何發現弗雷德的ＰＱＲ２？

一、**現場互動**：在你處理重大問題時，聽聽別人的客訴。問題出在哪裡？他們在什麼地方感到挫折？他們的痛處何在？他們問了哪些問題？

二、**看看自己**：我們現在或過去往往都是目標客群的一員。你的抽象問題是什麼？你的具體問題是什麼？你的絆腳石是什麼？你希望能夠獲得什麼結果？你能夠洞悉弗雷德的感受，知道讓他裹足不前、半夜冷汗直流的是什麼。

三、**論壇**：網路世界的論壇還活著，並且活得很好。不要不相信或是不去找屬於目標客群的論壇。請你進入論壇當中，挖掘那些抽象的問題、具體的問題、絆腳石、他們想要獲得的結果。

四、**你官網的客服系統**：如果你的官網還沒設置客服系統，不管你賣的是什麼，最好在你開始銷售前就設置好。客服系統是個能夠找出抽象問題、具體問題、絆腳石的好地方。我曾經從自己的客服系統當中獲得靈感，做出銷售額高達百萬美元的產品。你能夠從中看到趨勢以及特定的問題。你很可能會注意到有五個人在過去兩週之內都有相同問題，於是你就有了新產品的點子。

五、**受歡迎的產品**：請你看一些特定的東西，例如電子書、紙本書、實體的產品，或是流行品，來找出抽象的問題、具體的問題、絆腳石，以及顧客尋求的結果。

六、**回答問題的網站**：例如Quora以及Yahoo奇摩知識＋。在這類網站上，很容易發現大家詢問的問題；如果你的產品不是在教大家用最新、最棒的技術，在Instagram上賣東西，你就更該多上問答網站。我的好友蘇珊在動物行為圈子謀生，而動物的行為、相關的抽象問題和具體問題，在過去二十年來相去不遠。儘管解答可能會因時而異，但你目標客群面臨的問題並沒有改變。

七、**市場調查**：我喜歡做市調，因為能了解大家所面臨之問題的最新想法與答案。如果你的利基向來充滿變化性，市調對你特別有幫助。

八、**社群媒體網站**：你可以在臉書社團、推特上看到大家尋找的抽象問題、具體問題、絆腳石。看看大家的#標記，了解現在流行什麼。

去看看這些工具與資源。在此我們列出八個，其實管道更多。

從調查之中找出關鍵元素

一、**回答問題的網站**：去問答網站查「買房轉手投資」，會發現大家的提問多半是：買房轉手投資會賺錢嗎？什麼是買房轉手投資？買房轉手仍有意義嗎？如果我沒有頭期款，要怎樣開始進行買房轉手投資？我要如何維持熱忱？有人進行跨國買房轉手投資嗎？我要如何吸引新的夥伴？你要如何著手將之作為投資工具？有可能在其他國家做這件事嗎？最終的指導原則是什麼？哪裡最適合學到這方面的知識？你要如何找到投資客？你要先了解潛在目標利基客群會問的問題，接著運用這些問題來撰寫文案的內文、標題、討論要點，以及故事的開頭。

二、**調查報告**：你可能不想透過像SurveyMonkey這類的網站進行問卷調查。好消息是，你不需要這麼做，我有個很棒的方法：你可以搜尋別人所做的報告看結果。你只要在Google輸入關鍵字再加上「調查報告」搜尋即可，例如「不動產轉手出售調查報告」，就能找到值得參考的資料，洞悉弗雷德的狀況。

三、**社群媒體**：另一招是直接在臉書上提問。就我個人經驗，這是最聰明的方式。你可以在社團、網頁、個人頁面發文，問大家遇到的最大困難或問題是什麼；大家會告訴你他們擔心的事／問題／絆腳石。要促使大家回答問題，一個有趣的小技巧是在貼文時用個小迷因，藉此吸引大家的注意。基本上臉書和社群媒體都是做調查的好地方。

四、**Google搜尋**：搜尋你的關鍵字，並搭配下列詞彙：常見問題、錯誤、問題、十大……等等。你會找到一大堆足以幫助你的資訊。請閱讀前幾筆搜尋結果，看看大家詢問了哪些問題。

五、**熱銷產品**：就像「漏斗駭客技巧」或是「客群駭客技巧」這種。在現有產品當中，你應該要看什麼？如果是一本書，你可以看目錄、看每個章節的內容、從索引了解書中關鍵字和專有名詞，或是其中你沒想過的東西。你可以看看別人的漏斗與網站當中提供的廣告文案。你可以看看意見回饋，這能讓你了解市場的反應為何。亞馬遜上的五星評論只會說

「這個產品很棒」，去挖一星評論，看酸民是怎麼批評，這些資訊能夠帶給你真正的洞見，了解大家想要什麼。他們想要真材實料的好貨色，想要尋找自身問題的答案，想要尋找價值，想要取得逐步說明的資訊，想要尋求內容。

這些作法最終會導向大家真正想要的東西，也就是你在撰寫文案時必須注重的內容。弗雷德站在懸崖的一端，他想要到另一側去，想要改變自己的感受，想要減少某種感受、增加另一種感受。他腦中因為恐懼而充滿了ＰＱＲ２，他感受到恐懼、壓力、痛苦、無聊；那就是他面對的現實，也是多數人的處境。弗雷德想要改變自己的感受。

但是，光是滿嘴錢錢錢，並不足以改變弗雷德的感受。大多數經商者會將重點放在金錢上，可是錢並非核心關鍵，弗雷德真正想要的是從恐懼變成安穩，他希望能夠感受到事情終會撥雲見日，他即將安全無虞。他想要從有壓力的狀態轉變為平靜；他想要從疲憊的狀態變成「感覺真好」；他想要從痛苦的狀態轉變為舒適；他想要從無聊的狀態變成有趣。

順便一提，所有廣告文案當中，最容易被忽略的元素就是樂趣，試試看你是否能在文案當中加入樂趣。那正是我們銷售Jim Boat的關鍵元素，那是從二〇〇七至今我們年年舉辦相關的郵輪研討會，每年主題各有不同，有時是電子書行銷，有時是如何建立自己的電子報，於是我們聚焦的關鍵說法也有所不同。

Jim Boat銷售的重點之一就是樂趣。登上這艘很酷的大船相當有趣，並且與一大群想法相近的人度過愉快的時光。我們最後會前往熱帶島嶼，坐在棕櫚樹下欣賞風光，啜飲插著小傘的海灘飲料，和大家度過美好的時光。

向你的理想原型說明即將學到什麼好東西時，也別忘記吹捧他們將會獲得何種樂趣。別小看趣味的力量。

我們要如何在目標客群上運用ＰＱＲ2呢？我想在這裡再次強調。弗雷德百分之百地專注在他腦中發生的事，他全心注意自己的抽象與具體問題、絆腳石、想要卻尚未獲得的結果。這種情形的專有名詞叫做「網狀活化系統」（Reticular Activity System），簡而言之，你只會專注與辨識出自己要找的東西，排除其他所有物件。

所有你提供的內容，無論是免費或付費的，都需要將重點擺在同一件事上。你的平面廣

告、部落格貼文、影片臉書與社群網站貼文，都必須根據弗雷德的ＰＱＲ２撰寫。你的標題要把重點放在他的抽象問題、具體問題、絆腳石、結果上。

跟弗雷德一起行動

你的任務是拼湊出弗雷德。你必須讓弗雷德完整，你必須和好夥伴弗雷德一起行動。

首先，請定義你的弗雷德。從大利基開始，縮小到子群利基以及微利基。你可以找出不只一個利基，請把你的利基想像成飛鏢靶上的圓圈，你朝靶射出飛鏢的時候，普通利基位在外緣，子群利基位於內圈，微利基則是紅心。你必須找出要瞄準的對象是誰。

接著，找出並且寫下弗雷德的兩大抽象問題。再來，他的兩大具體問題是什麼？他主要的兩大絆腳石又是什麼？

最後，則是找出弗雷德想要的兩大結果是什麼？

請你別像一般人那樣跳過這項任務。普通的文案撰寫者會針對每個部分寫出兩項，但傑出的文案撰寫者會列出五到十項。我想要你針對每個項目寫出五到十項，因為前兩個都是簡單的，再多想出三、四個會讓你動腦思考，第五個則很可能具有神奇的連結魔力。

如果你能寫出十個，就代表你非常深入地與弗雷德產生連結。你會希望從中挑出能夠產生情感連結的項目。至於你要如何運用這種有關弗雷德的洞見？那就是魔法囉！

底下讓我示範一些根據弗雷德的ＰＱＲ２而撰寫的標題。

- 你不必是專業房地產轉手投資客，也能享受交易的樂趣，保證做到。
- 自動且迅速尋找良好標的之全新祕密，真心不騙。
- 發現迅速找到好標的之新方式。
- 如何迅速找到好的投資標的，避免買到損害事業的地雷屋。
- 感謝老天！揭露找到良好轉手投資的真正祕密。
- 如何在短短一週內找到良好投資標的，即使你自己沒錢投資也可行！

我所做的事，就是把轉手投資客弗雷德的抽象問題、具體問題、絆腳石、結果，放進秘訣六章節的標題範本。於是我們立刻從「我們要怎麼運用這項研究」，變成「酷！我們正在撰寫文案，而且寫得很好」。

現在讓我們再根據弗雷德的PQR2來撰寫電子郵件標題。

- 不動產投資訣竅。
- 找到良好物件的兩個好點子。
- 在轉手投資的時候，找到良好物件的真正祕密。
- 用一半的時間尋找良好的物件。不動產投資的兩條捷徑。
- 要找到好的投資標的，這個方式好用到不行。
- 要轉手投資，這個方式好用到不行。
- 成功轉手的最快途徑。
- 成功找到良好標的物的範例。
- 找到良好標的物的捷徑。
- 我剛發現的良好轉手投資資源。
- 更多讓你找到好標的物件，減少壞標的物件的方法。
- 你的房屋轉手投資檢查清單。

如果用弗雷德的PQR2，來撰寫**引發好奇心的條列式要點**呢？

- 幫助你迅速找到好標的物。
- 簡單尋找別人錯過的標的物件。
- 告訴你關鍵，讓你在每個決定投資的物件都能賺大錢。
- 三個步驟幫助你免於追蹤不賺錢的物件。
- 如何快樂交易的真正祕密。
- 發現在任何市場都能找到高獲利物件的方法。
- 不用再擔心買到損害事業的地雷屋。

這些引發好奇心的標題之所以能夠吸引弗雷德，在於**使用他的語言，針對他的興趣與恐懼撰寫**。坦白說，你在閱讀這些文字時，並沒有看到任何有關產品的內容，但這也沒關係，因為這正是引發好奇的條列式要點的使用方法。你可以在「秘訣九：終極條列式要點公式」章節當中看到更多範例。

順便一提，我是在發明Funnel Scripts的時候，總算徹底了解弗雷德。你認識弗雷德並且擁有Funnel Scripts之時，你就能夠創造任何你需要的廣告文案。只要點一下滑鼠，Funnel Scripts就會把你的弗雷德拆開並重組成卓越的文案。

了解弗雷德，便能讓你擁有一切可以用來創造精彩廣告文案的基礎元素，你不需要磨練多年文筆技巧。所以你必須認得你的弗雷德。在創造文案時，請找出弗雷德的ＰＱＲ２，你就擁有進入文案創造國度的鑰匙。了解弗雷德就是你邁向成功的關鍵。

重點整理

- 比你的客群更了解他們自己。
- 對心理變數的關注不應少於對人口分布的關注。
- 了解弗雷德的ＰＱＲ２。
- 如果你想走捷徑，就使用FunnelScripts.com，它能夠幫助你自動將研究與弗雷德有關的知識放入廣告文案當中，速度快過使用其他方式。

秘訣
09

條列式要點的終極公式

「文案不是用寫的。如果任何人跟你說『你是寫文案的』，你大可對他嗤之以鼻。文案不是用寫的，文案是組合出來的；你不是寫文案，而是組合文案。這就像是你有一套積木組合，你會把積木放在一起，以特定的結構來堆疊；你在打造一座讓你的顧客到訪、入住的慾望的小城。」

——尤金·史瓦茲

廣告文案的條列式要點，是任何文案的救火隊。之所以會稱為條列式要點，就是在頁面或視窗上，條列諸多「一個點與對應文字」，通常每次會寫三到十二點。你在四處都能夠看見這種清單，無論是亞馬遜的清單，或是長篇行銷電子郵件、手冊等皆是。你會使用這些條列式要點來引發大家的好奇，讓大家有理由採取你希望的行動——各式各樣，包括下訂單、報名、打電話等等。

條列式要點能夠：

- 引發好奇心，讓你能夠在大家內心造成壓力，使他們更快購買。
- 抓住大家的注意力，讓你能夠處理他們的特定慾望（以及需求），好增加銷售量。
- 迅速傳達重要的資訊，讓你能夠快速傳播自己的訊息，以獲得最大的廣告效益。

有趣的是，大多數人在撰寫條列式要點時只寫出了特色。例如，電鑽廣告他們會說：「嘿，這把電鑽是十八伏特電壓，最大可容納一吋的鑽尾。」彷彿這些事對某人來說非常重要似的！這類的特色我們會放在「技術規格」裡。

大家不會因為產品的特色而購買，特色是他們比較產品時用的。**大家會買是因為有好處**。他們會因為那個特色而得到什麼結果？你必須了解特色與好處之間的差別。

特色是產品的**本質**。好處是**產品為你做的事**。

以上面的電鑽廣告為例，十八伏特電壓是特色，但那個特色能夠做到的，是讓你在鑽洞的時候，鑽過硬木就像戳奶油一樣滑順，你可以一次鑽很多個洞，而且不用每五分鐘就充電一次。至於最大能夠容納一吋的鑽尾（特色），意味著這把電鑽適用於各種家庭裝修，你不需要常常換工具（好處）。

再強調一次，你必須了解特色與好處之間的差別。特色不會讓人買東西，那些特色帶來的好處，才會讓人向你買東西。

你的文案不需要列出一千個條列式要點。視文案的目的而定，我會從五十個爛要點當中，挑出四個、五個、六個、一打左右出色的要點。

在文案當中，條列式要點具有不同的功能。你可以在廣告函的開頭（也就是標題之後）列出幾個條列式要點，用來吸引大家往下讀。你可以運用條列式要點來描述產品，無論你是在亞馬遜網站、自己的網站或是用電子郵件販售產品都一樣。條列式要點是你的文案當中最有分量的一環。只要你的標題能夠吸引大家往下看，你就可以運用條列式要點來——

- 歸納大家看到的影片內容。
- 預告你的部落格貼文內容。
- 列出能夠帶來的好處。
- 讓大家有理由能夠繼續閱讀並且做出決定。
- 歸納他們購買的東西。
- 還可以做到更多！

如果你不懂使用條列式要點，就無法引發大家的好奇心，讓大家繼續進入接下來的銷售流程。你會沒辦法創造壓力促使大家購買。

區別產品的特色、好處和意義

接下來我要很快說個故事，告訴大家如何用條列式要點進行銷售。

我在本書序言提到，我寫了一封販售二十九美元產品的廣告函，最後帶來了超過一百五十萬美元的收入，我賣的產品是一本電子書。為了靠那封廣告函提升銷售額，我使用了能夠呼應書中特定頁碼的條列式要點表單。對那些閱讀「本書內容精要」區塊下的條列式要點的人來說，會覺得我寫的很具體，因為我告訴他們以下內容：

- 如何在亞馬遜Kindle上創建、營運和銷售，有夠快！（世界上第一名的電子書零售商想要幫你販售你的電子書，步驟詳解！）（第十四頁）
- 「每發必中」的祕密，創造狂賣的電子書，同時帶給你的樂趣遠超乎你想像！（第二十三頁）
- 如何迅速避免作者會犯的頭號錯誤，才不會花好幾個月甚至好幾年去寫書……你在幾天之內就能夠完成一本書。（第七頁）

● 逐步說明如何在七十二小時之內，完成一本真正的電子書！（第一〇三頁）
● 保證能安心撰寫與販售的暢銷電子書，超厲害！（第二頁）

我在製作影片產品的時候，也會這麼做。你可以在產品承諾的區塊，為條列式要點加上影片中的時間戳記。

因此條列式要點可以：

● 讓大家有採取行動的理由。
● 勾起讀者的好奇心。
● 說明你的產品為何，以及產品能夠為你做什麼。

我認為把特色和好處寫得清清楚楚，只做對了一半的事。你很可能聽過一種說法：「大家買的不是電鑽，他們買的是洞！」我得說，你必須鑽得比那更深！大家想要的不只是牆上的洞，而是希望太太不要因為他沒把一幅畫掛起來而碎碎念；他們想要讓自己的小孩開心，因為你可以在鳥舍前面鑽個漂亮的洞，或是讓戶外攀爬架能夠穩穩地組合在一起。

我們真正要鑽的，是每個**好處背後的意義**。

條列式要點公式大全

我隨時可取用的條列式要點公式如下。其實你已經在這章裡面看過了，只是沒有特別留意。

基本條列式要點

公式：它是＿＿，讓你能夠＿＿

切記，特色＝那是什麼；好處＝能夠做什麼。

電鑽講得夠多了，換個吸引人的主題吧，我們來討論扳手。以下是我替得偉牌（Dewalt）扳手組撰寫的條列式要點，這款產品在亞馬遜上販售，價格為二十九美元，但似乎沒有勾起我的購買慾望。我想應該是我還沒有跟這些扳手產生情感連結！

以下是原本列在亞馬遜網站上的條列式要點：

- 一組配件盒。
- 英制標準尺寸。
- 鉻釩鋼結構。
- 內有烙印標記，容易辨識扳手尺寸。

看了就令人打哈欠，實在沒什麼說服力。但我希望能夠自己會想買這些扳手，我們來幫助扳手一下，好嗎？

- 一組配件盒，**讓你能把所有扳手放在同一處。**
- 英制標準尺寸，**需要什麼尺寸都能隨時取用。**
- 鉻釩鋼結構，**具有良好的強度與耐力，讓你能夠安心施力。**
- 內有烙印標記，**容易辨識扳手尺寸，讓你能迅速找到需要的那一把。**

我們已經讓這些變得很不一樣。光是加上好處，就比百分之八十的人所寫的條列式要點好。但我們的目標是要比百分之九十九的人都好，也就是終極條列式要點公式出場的時候了。你準備好了嗎？

終極條列式要點：特色＋好處＋意義

特色＝產品的本質是什麼

好處＝產品能做到什麼

意義＝對買家／讀者／潛在客戶來說意味著什麼

公式：產品的本質是＿＿，因此你可以＿＿，意味著＿＿

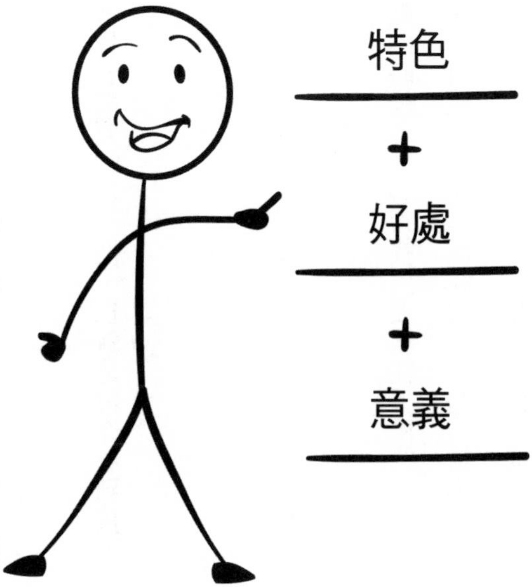

讓我們替這些扳手的條列式要點「生火」，即使是最笨手笨腳的爸爸，看完文案後也會相

信自己能夠變成理想中的修理技師，成為真正的「老婆待辦清單」專家！你準備好了嗎？

- 一組配件盒，讓你能把所有扳手放在同一處，**也就是說你不會因為帶錯扳手而陷入困境。**
- 英制標準尺寸，需要什麼尺寸都能隨時取用，**也就是說你可以更快做完工作，更快去做自己想做的事。**
- 鉻釩鋼結構，具有良好的強度與耐力，讓你能夠安心施力，**也就是說長遠來看你花在工具上的錢會少很多。**
- 內有烙印標記，容易辨識扳手尺寸，讓你能迅速找到需要的那一把，**也就是說你看到拔下來的螺帽時不用再傷透腦筋。**

在你開始說明好處與意義時，你廣告函當中的條列式要點（以及文案整體）的效果將會大幅提升。當你開始**將好處與意義納入思考**，你的銷售力就會無遠弗屆。

讓我們替這個秘訣做總結。在撰寫條列式要點的時候，你必須找出繼續往下寫的動力。這就像是標題腦力激盪。在你撰寫條列式要點時，腦中自然會出現其他條列式要點的想法。在你專注於不同特色、好處與意義上之際，無論你要販售什麼，你的條列式要點會越寫越好，這類似跑步或運動時的暖身，在你做到第三、第四、第五組之後，就會抓到節奏。你寫出的第一個條列式要點，不會比第五個、第六個或是第十個好！

此外，如果你需要寫五或六個條列式要點，請你先寫出十個或是十二個，接著再從中挑出最好的。這個道理與前述的「動力」相同。最後再說一件事，你可以建立有效的條列式要點廣告資料庫。我非常推薦你開始建立自己的條列式要點檔案，收集吸引你的條列式要點。就像創造標題的廣告資料庫一樣，創造條列式要點的資料庫，同樣在你需要迅速想出一些條列式要點時非常有幫助。

重點整理

- 條列式要點可以幫助你創造大家對文案的好奇心。
- 五個精彩的條列式要點，勝過三十個好的條列式要點。
- 在你的條列式要點當中，務必都要包含意義在內，因為這就是讓你的條列式要點勝過其他人的祕密配方！

秘訣 10

真正能夠賣東西的方式（跟你在想什麼無關）

「行動的兩大動機是：自身利益與恐懼。」

——拿破崙．波拿巴（Napoleon Bonaparte）

「和別人打交道的時候，切記你不是和有邏輯的動物打交道，而是和有情感的動物打交道。」

——達爾．卡內基

本章的秘訣是關於為何以及如何讓大家隨著情感採取行動，因為情感才是驅動銷售的主因。這點足以讓上一章有關條列式要點的秘訣更上一層樓。為什麼？嗯，之前我們提到了特色與好處。特色是某樣**產品的本質**（十八伏特驅動的電鑽馬達；容納的鑽頭為半吋；是三十分鐘的真人運動影片等等）；好處是這些特色**能為某人做到什麼**；意義是那些特色與好處合起來**對某人來說有什麼意義**。

他們知道十八伏特驅動的電鑽馬達的好處是強而有力，續航力又強，讓你不會在施工的時候不知所措。但最後一個步驟也是最關鍵的——你必須要告訴大家結果如何。

意義會創造情感。

十八伏特驅動的電鑽馬達，具有足夠的力量讓你應付各種裝修需求——這對我的潛在客戶來說代表什麼？

實際上，你必須針對廣告文案當中提出來的任何主張、特色和好處，詢問這個問題。

那意味著你太太會覺得很開心，因為你迅速完成「老婆待辦清單」事項。那意味著你能夠飛快完成各項工作，有時間坐在沙發上看橄欖球賽。那意味著你把所有的東西組合完成時，會看見小孩臉上的笑容。那意味著這個週末你有更多的時間，不用等待電池充電。

意義是更高的一個層次，能夠讓人與產品、服務、軟體等等產生更深的連結，了解產品可以為他們做什麼，大家也是因此而購買。你很可能會聽到「大家因為情緒而買，理智則會幫忙找出適當的理由」——這真的一點也沒錯！

你要如何尋找意義？很簡單！每次你看到一種說法、特色、好處時，請詢問自己一些問題：「那為什麼如此重要？」「那有什麼要緊的？」「為什麼那個影響很重大？」

現在你很可能會問：「為什麼我要賦予電鑽情感層面的東西？」我的回應是，如果你在賣電鑽，而且想要賣很多，就要讓大家對電鑽產生情感連結，讓他們覺得擁有電鑽很酷，覺得擁有電鑽是很聰明的選擇，感受到自己是硬漢俱樂部的一員，或是覺得擁有電鑽之後自己會很受歡迎，覺得自己能透過電鑽表達對孩子的愛。

那麼做的話，你就能賣出更多電鑽！

順便一提，這個藉由賦予意義注入情感的方式，可以用在販售任何東西上，那也就是為何這點相當重要的原因——能夠賣出商品的是情感。你必須要鑽入（深入）那種情緒，找到那種情緒，讓情緒能夠擴散開來。

現在你很可能會說：「天啊，這也太誇張了吧！」

是嗎？「這個電鑽在前方有個磁盤，當你使用時能夠牢牢穩固。那意味著你站在十呎高的梯子上時，銳利的鑽頭不會掉下來砸到人。這個特色可以避免別人被一鑽穿腦……那個『別人』很可能是你的小孩。」

同樣的，你或許會認為這樣有點扯遠了，其實一點也不！你必須要深入說明與每個特色連結的情感。最棒的是，那就像是你在撰寫條列式要點時寫的第一部分：產品是——，讓你能夠——。現在你已經拓展了產品的維度，已經進入了會讓大家說「是的，那就是**我想要的感覺**」的階段，那正是我在乎的。我不在乎產品是藍是黑，或是上面有沒有商標，而是希望我的小孩能夠安全無虞。我想讓太太快樂，我想放鬆，我想要快點把「老婆待辦清單」完成，這樣才能坐下來看球賽看到睡著，襯衫上還沾著玉米片碎屑。

這就是這把電鑽的意義所在。當你能夠做出那種連結時，你的銷售量就會氣勢如虹！不

做這件事的後果則會非常嚴重。如果你做不到情感的連結，你就和其他競品沒兩樣，接著大家就會只根據價格評斷你的產品、教練課程、軟體等等，因為他們手上只擁有這項判斷基準，因為你沒勾起他們的感受！但只要你讓他們感覺到什麼，你就能獲得這些客戶。如果你希望他們買單，那他們就需要強而有力的「理由」，因為**「理由」會創造情感**。

讓我來說個小故事，我要告訴你我為什麼報名了史都．史密斯的教練課。他透過電子郵件寄送健身廣告給我，不過當時我已經在自行鍛鍊，也有許多相關的書籍。雖然史都讓我打電話給他，詢問他相關問題，但我身邊也有其他人可以詢問，而且不用付費。我一開始報名他的課程，其實主要是因為情感因素——嘿，我的健身教練是海豹部隊的一員。那真是有夠酷！

一開始，我非常享受那種告訴別人「嘿，我的教練曾經當過海豹部隊」的虛榮感，我三不五時就會不經意提到，頻率似乎有點太高，因為那真的很酷。但有件事相當耐人尋味：那種讓我報名史都課程的情感因素，卻成了我的動力，讓現在五十多歲的我，體格比多數二十五歲的人還好。我可以連續做三十三個引體向上、一百個伏地挺身，以及一百個仰臥起坐，中間完全沒停頓。

全是因為和海豹部隊教練的情感連結，讓我：

一、不想在運動方面鬆懈，讓他感到失望。

二、我不想再看起來像是蛋頭先生，尤其如果我想跟人吹噓我的教練是海豹部隊成員，我更不能放縱體態。

那種情感上報名／購買／點擊的理由，會對你潛在顧客的銷售漏斗有著各種影響。你必須找出情感的連結，並且加以強化。你越能讓產品或服務與愛、恐懼、憎恨、希望等情感產生連結，就能獲得越好的效果。

要將這點付諸行動非常容易，訣竅如下。

在你說明了某樣產品**是什麼**或是能夠**做什麼**之後，請加上幾個神奇的字：**那表示——**

「……那表示你會　」→「……那表示你會有機會坐下來輕鬆一下」

「……那表示你能夠　」→「……那表示你能夠擁有更多時間陪伴家人」

「……那表示你不需要　」→「……那表示你不需要浪費整個星期六的時間做家事。」

這麼做就行了，這就是你找出意義的方法。你賦予那個意義越多情感，就越能夠提升銷售量！請把你的產品與下列各項連結起來：

- 對……（家庭、自我、國家、社區等等）的愛
- 恨
- 對……（錯誤、犯錯、死亡、失去等等）的恐懼
- 虛榮
- 驕傲
- 對……（成就、平靜、完滿等等）的渴望
- 貪婪
- 自由

將你的產品與他們內心真正想要的結合在一起，你就能夠迅速在情感方面產生連結。在了解這點之後，你就必須運用這種知識成為自己的優勢，必須把這種情感的元素納入其中。正當你想要大談特談產品特色時，想像一下有顧客問你：「為什麼？」「為什麼那很重要？」、「為什麼我該在乎？」、「那跟我有關係嗎？」、「那對我來說意味著什麼？」就像個在萬聖節吃了粉末糖的孩子一樣，現在有一卡車「為什麼是這樣」的想法，不停地問為什麼、為什麼、為什麼、為什麼、為什麼，逼你不得不想出答案。

同樣的，正是這樣的情形會為你帶來動力。請寫出十個、二十個、三十個理由，說明為什麼某樣特色或是好處對他們來說很重要，這對你的生意以及是否能夠寫出精彩文案來說攸關重

大。請找出情感的連結。

我得坦白說，當你做這個練習的時候，起初寫下來的東西往往沒找到情感方面的連結，唯有當你寫完那些簡單的之後還逼迫自己繼續寫，才會出現好東西。在你穿過表面層次，深入表象底下以後，才能夠觸及真正的情感。

情感的連結是你把觀望者變成買家的方式，也是把買家變成鐵粉的方式，更是你把鐵粉變成終生顧客的方式！

這就是真正能夠賣東西給大家的秘訣：**跟你在想什麼無關，重點是他們感受到什麼。**

重點整理

- 大家因為情感因素購買，接著再用邏輯將之合理化。
- 主要的購買動力是恐懼與慾望。
- 你應該盡力用各種不同的理由說明產品與服務，努力與潛在客戶及買家產生情感連結。

秘訣
11

為什麼「夠好」會讓你一直貧窮！

「『很棒』的敵人是『良好』！」

——無名氏

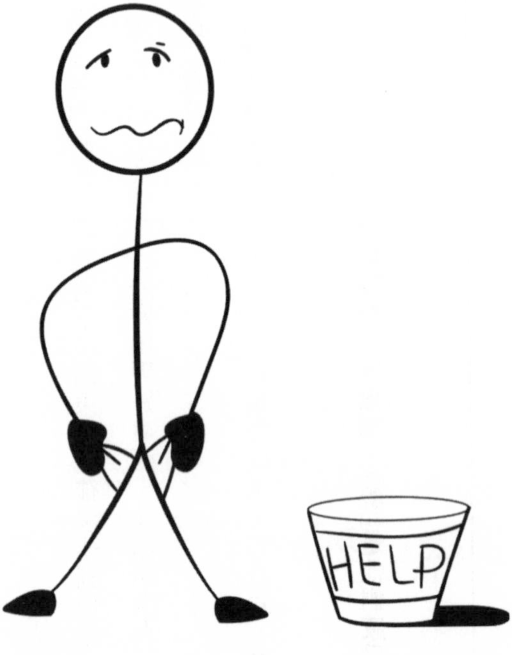

我早期的一位導師，是成功的不動產經紀人，有些人覺得他傲慢自負，部分原因是他無法忍受不夠出色。他的門上有個牌子寫著：「『很棒』的敵人是『良好』！」

那句話一直在我腦中揮之不去。在某樣東西夠好的時候，就絕對不會變成很棒了。套用在文案寫作上呢？當一份廣告文案能夠發揮作用，我們往往就不再調整了，因為我們對此有迷信或是有顧忌。我們知道自己努力寫出了好文案，也因此賺到錢；我們害怕如果修改文案，會「破壞」或是停止文案的作用，甚至改回來之後也不會再度發揮作用！

假設你每花一塊錢，就能夠帶來一・一美元、一・二美元或是一・五二美元的收入。那已經夠好了，於是你不希望搞砸——嘿，你賺到了百分之五十的利潤！但那樣的觀念會讓你維持貧窮。以我撰寫文案二十五年的經驗，我只看過一次原始的標題與文案立於不敗之地，完全不必修改。

你通常可以運用一種簡單的方式來改善文案，也就是A／B測試。A／B測試就是你把某個已證實可行的東西，與你希望能夠得到更好結果的東西，拿來進行比較測試。

操作方式如下。你手邊有兩個版本的文案（A版與B版）。你進行測試一段時間（最好測試時能夠得到量化的結果，例如總銷售量、點擊數、訂閱數等等），如果B版勝過A版，那麼

B版就成為新的A版。現在你有了這個勝出的版本，你要再想出一個能夠打敗勝出版的版本。這個勝出的版本就稱為「控制組」。

因此A／B測試能夠讓你不斷改善自己最好的文案，讓文案不斷更上一層樓。

請你回頭看一下秘訣六當中我改寫標題的範例，當時我的銷售量在兩分鐘之內從零進步到五（增加了五倍）。另一個在簡介當中提到的範例，是把二十頁的網頁變成一頁，銷售量便增加了兩倍半。

要是我沒有做出那些改變呢？你現在會看到這本書嗎？當然不會！我應該還住在拖車屋停車場當中，到處送報紙。如果我沒有做出改變，我們就賺不到那些錢，我的生活就會與現在有著天壤之別。

因此很重要的一點是，當你**找到有效的文案時，就必須進行測試，讓文案變得更好**。小小的改善能夠產生大大的獲益。

轉換率微增代表利潤大增

例如，你要賣一個百元的產品，廣告函的轉換率是一％。

那意味著每一百個訪客造訪你的網站時，你能夠獲得一百元。（一百位訪客，乘上一％的轉換率，等於一次一百元的銷售。）

假設你花九十元才能讓一百位訪客造訪你的網站，並達到一次的銷售。（假設你在販售電子書或是其他沒有實體運送費用的產品。）

那意味著你花了九十元在流量上。而你售出時獲得了一百元，所以你的淨利潤是十元。

現在我們開始來進行測試。

你進行標題調整的測試，轉換率從一％增加到一．二％。增加〇．二％實在是少得可憐，沒什麼作用，對吧？其實正好相反！現在每一百位訪客前往你的網站時，你可以獲得一百二十元，但是支出的費用同樣為九十元（你支出的費用並沒有增加）。

你的利潤變成了三倍！怎麼說？你的利潤不是十元，而是三十元。同樣的流量、同樣的廣告費用，只透過簡單的標題測試，你就讓利潤變成三倍。

要是你測試了一些條列式要點，讓轉換率增加了〇．一％呢？

要是你測試了提供的方案本身，讓轉換率增加了〇．一五％呢？

要是你在頁面上方測試了簡單的圖片，讓轉換率增加了〇．二五％呢？

現在你的轉換率變成了一．七％。你支出的費用不變，但利潤卻增加至七倍（利潤七十元相比利潤十元）。嘿，現在每出現一百位訪客，你就能夠獲得一百七十元，而非你在開始測試時感到很開心的一百元。

一旦你了解必須進行這個流程，並且鼓起勇氣去做時，就可以反覆進行。好笑的是，其實你不需要鼓起勇氣就可以放手去做！為什麼？因為若是你測試了一個新標題，它的表現卻不如預期，你只要撤掉就好。你並不會因為這個標題效果比先前版本來得差而一蹶不振，你可以回頭沿用原本的冠軍標題，並繼續思索新的標題來挑戰它！

我的朋友羅塞爾．布魯恩森（Russell Brunson）在他的《一百零八個A／B測試贏家》（108 Proven Split Test Winnters）書中，詳述了自己在公司內所做的一百多種測試，藉此讓獲利大幅提升、銷售量暴增、讓訂閱者飛躍性增加。

順便一提，這些測試過去都超級複雜、極富技術難度，所以很少人這麼做。但現在，只要使用類似Click Funnels這樣的優質工具，你能輕易進行A／B測試，當中具有外掛插件、軟體、服務，讓你不用花大錢就能夠進行測試。

一次測試一個變因

如今要進行A／B測試相當簡單，你也必須**對一切進行A／B測試**，包括：

- 標題
- 價格
- 電子郵件主旨
- 訂購按鈕文字
- 方案
- 額外優惠
- 喚起行動
- 色彩

你可以測試這些以及其他的項目。然而，你必須了解最重要的一件事，就是：**你每次絕對不能測試超過一個變因**。

如果你要測試標題，請測試兩個標題，頁面的其他部分必須維持不變。

如果你要測試訂購按鈕的文字，就只測試這個部分，頁面的其他部分必須維持不變。

只要你同時測試超過一個變因，測試的結果就會無效。

請使用工具來自動進行測試。不管你是用什麼方式來建構官網，先查看看有沒有內建的A／B測試功能。如果沒有，請去尋找合用的工具。你可以用Google搜尋「A／B測試工具」，就能夠找到許多。

開始測試，現在就做

秘訣十一要告訴你的重點是：開始進行測試。

馬上做！一次測試一種。不要認為未來獲得的結果，只會跟現在一樣好而已。你仔細想想，大部分零售業的獲利都是在十%，而你想像一下，只要在自己的網站、傳單、平面廣告上進行簡單的測試，就能夠微幅提升轉換率，讓你的利潤劇增！這對你的事業與家人來說，意味著什麼？對許多獲利微薄的公司來說，這根本可說是重獲新生！

有許多隱藏的利潤正在等著你，你只需要進行一些簡單的測試就能發掘出來。**你無法承擔不做測試的後果！**

重點整理

- 如果你現在沒有做測試，請立刻開始動手。
- 每次不要測試超過一個變因。
- 針對購買、點擊、訂閱等部分進行測試。
- 用自動化的方式進行測試。盡可能不要用手動的方式進行測試。

秘訣 12

不要重新發明輪子——偉大的文案能提供線索

「你的工作不是要撰寫文案。你的工作是要深入瞭解訪客、顧客、潛在顧客，了解他們目前的處境、他們想要前往何處，以及你的解決方案實際上如何能夠帶領他們成為理想的自我。」

——喬安那．維比（Joanna Wiebe）

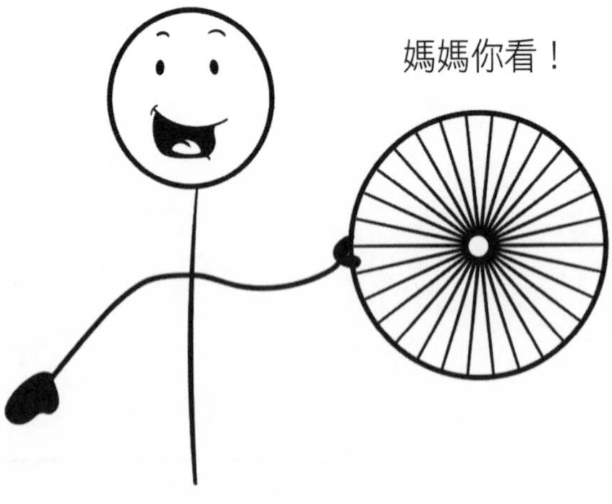

在你開始撰寫廣告文案之前，必須先進行正確的研究。為什麼？這麼做的話，你就能夠進入銷售訊息目標讀者的思維裡。那麼，你需要進行何種研究？你必須知道什麼？

他們極度想要的是什麼？

他們最大的渴望是什麼？他們的恐懼是什麼？什麼讓他們感到害怕？他們買你販售的那類物品時，主要目的是什麼？

你必須要找出以下這些：

- 他們想要什麼？
- 他們害怕什麼？
- 他們買你或其他人販售的物品時，主要目的是什麼？

如果你這麼做，就擁有大幅優勢，遠勝過其他撰寫銷售訊息的人。

請你看看客戶在市面上會看到撰寫的銷售訊息。請看看屬於你目標讀者群類別的亞馬遜排行冠軍暢銷書，看看封底的廣告文案，看看各章節的標題，看看讓大家願意買書的銷售訊息。

這個過程稱為「漏斗技巧」（funnel hacking）。看看某個方案、廣告文案、產品的成功範例，接著將之運用在你要販售的產品或是服務上。你不是在剽竊別人的東西，而是效法他們的方式把商品販售到市面上。

你要在哪裡進行研究？

亞馬遜網站是我進行研究的首選。由於亞馬遜有不同類別的暢銷排行榜，我不僅能夠看到大家買什麼，也會看到針對每項產品的評論留言（或是沒有評論）。

我會去看五顆星的評論，了解讓大家滿意的原因。更重要的是，我也會去看一顆星的評論，了解為什麼大家覺得憤怒，並且讓自己在提供方案時絕對不要做同樣的事。

不過在看評論時，二星、三星、四星才是最有價值的。為什麼？因為那些人是喜歡這款產品某些部分，卻不喜歡其他部分。這種評論最有幫助，因為坦白說，給五星的人往往都是鐵粉，給一星的人則常是「我超聰明」類型的厭世酸民。而那些給予二星、三星、四星的人會說明原因——「嘿，它能做到這件事，很不錯，但是它做不到那件事，讓我不太爽。」

好好利用他們的文字，就能協助你撰寫廣告文案。

假設你在販售教大家說西班牙文的產品。你注意到大家在抱怨某個暢銷的產品沒有教授西班牙文的會話，聽起來就好像是在教室裡學到的西文一樣。

因此你可以運用那個評論做下面的事：

一、運用其中的線索，讓自己了解在產品當中應該納入哪些東西。

二、強調你的產品能如何運用在西文的會話。

三、將這個角度運用在你的標題當中——「如何在兩週內學會西文會話！」

那些就是你在進行研究時會發現的事。你必須自己完全沈浸於潛在客戶看見的銷售訊息，以及他們會有什麼反應。

Google則是另一個研究的利器。如果想要解決問題，我會上Google搜尋，看看有哪些東西出現：閱讀部落格的貼文、看看廣告、找大家使用哪些關鍵字、相關產品樣貌。尋找大家在部落格貼文以及文章當中分享的想法，看看大家提出的問題。你要讓自己沈浸在這樣的環境當中，可能需要好幾個小時，或是好幾天，甚至也可能花上你一整週，一切端看你安排的時程、對目標對象了解的深入程度而定。但這絕對是你花出去的時間當中，最寶貴的幾個小時、幾天甚至是幾週。這個研究會讓你看見大家使用的字詞，讓你的廣告文案能打進他們心坎，與他們產生連結。

不做這件事的後果相當嚴重。坦白說，如果你沒有運用他們使用的詞彙，沒辦法引發共鳴，他們就不會向你購買。

你的銷售訊息會無法引起潛在客群的注意，他們不會關注你的標題。如果他們注意到你的標題，你的文案也無法奏效，廣告也不會替你帶來任何效益。

假裝你是潛在顧客的一員

沈浸式研究能讓你假裝自己是潛在顧客的一員，和他們具有同樣的問題與渴望。看看市面上有哪些東西、看看銷售訊息與評論，尤其是受到目標客群歡迎的產品與服務。

沈浸式研究讓你可以直接**從競爭者成功的長處以及他們的缺失之中獲益**。光是透過研究來了解市場，便能自然而然讓你提出的解決方案既獨特並超越其他人。

我從某項產品獲得的回饋，讓我深刻地體認到這點。大約有長達兩年的時間，我在亞馬遜網站上販售排名第一的簡報製作教學光碟，售出了好幾千套。在我觀看評論的時候，我發現有些人指出整套教學光碟似乎都在替Snagit®這套軟體打廣告。

我心想：「你到底在說什麼鬼？我用各種不同的投影片示範如何製作簡報，我只是在製作簡報時用了Snagit當操作範例。我不在乎你有沒有買Snagit，我連去哪裡買都沒有告訴你！」

但顯然大家都沒有注意！（這真是讓我大吃一驚。）他們願意購買光碟並且觀賞影片，卻沒注意到我是使用Snagit當製作投影片時的操作範例。他們跳過了前面解說的部分，直接觀賞後面的訓練，那看起來正好像是一場完美的Snagit推廣行銷！但如果他們看了整支影片，就會看到我在他們面前製作簡報的過程。

我從來沒遇過這樣的誤會，也因此修改了一些措詞與廣告文案的內容來澄清。這是很好的例子，說明為什麼你必須去看相關競品的評論。當然，你也必須去看針對自己的評論，才能改善自己的廣告文案。

我的競爭對手大可據此借題發揮，說些像是：「我們的課程不像其他的訓練課程，不會向你推銷其他東西。我們的課程包含了所有能夠讓你做出精彩簡報的內容，也不會推銷其他軟體。」雖然那是胡扯，我並沒有推銷，但如果競爭對手有注意那種客戶回饋存在，我就有可能會被影響到。

另外一個你可以做研究的地方，就是客戶最常問你的問題，或是你的客服信箱，那些都是資訊的金礦。沒有人想閱讀負面的評論或反駁，但如果這些能夠讓你變得更富有，你就會有夠強大的動機想要這麼做。

你坐下來撰寫文案的時候，必須將做研究的部分也納入規劃的流程當中。比方說，「嘿，我得寫一封廣告函、明信片或是電子郵件，我來分配幾個小時給做研究。如果我要賣書，就讓我來研究暢銷書；我要針對自己的軟體撰寫廣告函，就讓我來研究軟體。」請讓這件事成為文案寫作的一部分。與其馬上打開你的文書處理軟體，盯著閃爍的游標，不知道該寫什麼好，不如先做些研究！讓你的觀念進入正確的方向，自然就會寫出精彩的文案。

正如我之前說過的，撰寫文案攸關「動力」。在你動手開始寫之前，必須先讓撰寫文案的引擎暖機。你可以從閱讀別人的文字，看看顧客對已購入的相關產品有什麼回應開始。這個練習能夠讓你進入那個文案的觀念當中，更容易開始撰寫。

有關撰寫廣告文案之前所做的研究，我最佳的建議是——

一、就放手去做吧。直接從能夠讓人感興趣的廣告文案當中獲取詞彙、感覺、觀念。

二、了解大家的反應。亞馬遜和其他能夠看到評論的網站，都是你的金礦。

花幾個小時研究類似的產品，能夠協助你進入創造廣告文案的心流狀態。結果就是你寫出來的文案品質會更好，撰寫的速度也快上許多。

重點整理

- 絕對不要在沒有先做研究的情況之下就撰寫文案。
- 做研究能夠幫助你獲得撰寫出色文案所需的詞彙與資訊。
- 只有笨蛋才會沒有先暖身，就立刻拿起鍵盤從頭開始撰寫文案。

秘訣 13

一切都與他們有關——從來跟你無關

「簡單是終極的複雜。」

——李奧納多．達文西

「讓它簡單。讓它難忘。讓它看起來很迷人。讓它讀起來很有趣。」

——李奧．貝納

你對聽眾講話的時候，往往希望聽眾能明白你有多聰明；你會運用業界的術語或是艱深的詞彙，你會希望他們知道你言之有物。無論你在販售什麼，這種傾向難免發生。

如果你販售的是電鑽，你會開始說明電壓以及扭力。

如果你販售的是教練課程，你會說明自己擁有二十五年的經驗，以及自己是如何了解這些精彩的內容。

如果你販售的是軟體，你會說明軟體佔幾GB，並且使用那些很難發音的詞彙。

然而，你真正能向聽眾證明你有多聰明的好辦法，其實是運用他們能夠了解的方式來溝通！儘管這些聽眾受到打擾、感覺困惑、漫不經心，他們仍然繼續追蹤你，這就是你證明自己有多聰明的好時機了——你可以透過「讓一切都與他們有關」來做到。

讓一切都與他們有關，意味著你必須避免裝可愛、使用諷刺的方式、說業界內的笑話，

或是運用任何可能會被誤解的方式。

當你想要展現自己有多聰明時，應該避免運用艱澀用詞、業界行話，或是用上縮寫卻完全不解釋。這麼做只會讓大家覺得困惑，讓他們失去興趣。

我在銷售時學到的一件事，就是當人的內心覺得困惑時，給出的回答永遠是「不」！覺得困惑的人，絕對不願意買單。即使上千個人當中有一位願意，你通常也沒辦法靠這種千中選一的機會賺到錢。

在你運用大量情感向一個感到害怕、不自在，認為自己可能會被敲詐，或是害怕自己會犯錯的人推銷時，很重要的一點是——你溝通的訊息必須非常清楚。請務必要十分注意你對大家所說的話。

在抵押貸款這一行當中，從業人員學會如何用清楚的方式，向沒意願去理解揭露事項的人們說明複雜的金融訊息。例如，我們必須揭露的其中一件事，是提供貸款者很可能將債權轉移給第三方，但是本金維持不變，利率也不會有所變動。

我拿起兩頁複雜的揭露事項，開始說明：「提供抵押貸款給你的公司很可能會有所改變。不過對你造成的唯一影響，是你每個月要把錢付給誰，以及支票要寄給誰。」這麼做非常有效地降低大家的焦慮，讓貸款公司的副總裁要我訓練其他放款人員，教他們如何說明揭露事項。

就是在這個時刻，我學會了如何運用目標客群能夠了解的詞彙，來協助他們做出好的決定。不這麼做的後果，就是讓顧客自覺很笨。

- 如果你讓別人自覺很笨，他們就不會買你的東西。
- 如果別人覺得你在取笑他們，或是認為你講話的態度高高在上，他們就不會買你的東西。
- 如果別人覺得你對他們來說太聰明、難以理解，他們就不會向你買東西。
- 如果你說話拐彎抹角，讓他們覺得困惑，他們也不會向你買東西。

因此你必須使用他們用的詞彙。

- 你必須使用他們能夠理解的簡單詞彙說話。
- 你必須使用簡短的句子。
- 你的想法必須有條不紊。

如果你能夠做到那點，就可以提供出更好的服務，幫助他們達到你想要推銷給他們的結果。

不要使用生難字詞

每次我寫東西時，如果覺得可能造成混淆，我的小撇步是拿給充滿社會歷練的太太看。她曾經擔任緊急電話接線員長達七年，接著在警局櫃檯服務五年。她親身體驗、親眼見證人性美醜並從中深刻學習。好消息是，她大學沒有唸到畢業。每當軟體出狀況，她只會大聲喚我去她的辦公室處理。

這樣的特質讓她成為我寫文案時的完美讀者。我會拿給她看，問她：「嘿，妳是不是可以幫我看一下有哪裡講得不清楚？哪裡不合邏輯？」她非常擅長做這件事。我也曾經請我母親做過同樣的事。

請你找個不知道你在做什麼的人，讓他閱讀你寫的廣告文案，看看他們是否能夠看懂；如果他們看得懂，代表你的方向沒有錯。順帶一提，他們不必是你的目標客群，也能作出有效的回饋；實際上，如果他們不是目標客群，通常更有幫助！

我曾經聽過一種說法：把你的廣告文案拿給一群人看，如果他們後來跟你說「寫得很好」，表示它其實一點也不好。為什麼那些專家會這麼說？因為專家希望每個看到文案的人會說：「哇，這個東西看起來很棒。哪裡買得到？」如果他們回來找你說：「嘿，寫得很好。」那麼你的文案還有改進空間。

話說回來，我太太當然不會買我販售的任何東西，因此不太適用上述測試的標準，但我相信你能了解這個概念。此外，除非幫你看文案的人是你目標客戶群的一員，否則他們絕對不會問「哪裡買得到」，因此那些專家原本的說法，在我的書中僅供各位參考。

針對個人來撰寫

如果要我把一切濃縮成一個大訣竅，那就是——撰寫或是創造廣告文案時，必須寫得像直接與你理想的潛在客戶對話。

請你寫給一個人，不要寫給一群人。寫給你認為可作為完美潛在客群代表的人。（還記得秘訣八的弗雷德吧？）在你卡住的時候，這個小技巧尤其有用。

以下是真人真事：我的好兄弟喬治，代表了我的目標客群。如果我在撰寫廣告函、影片腳本或其他行銷文件時卡住了，我會說：「嘿，喬治，有件事一定要說給你聽。」

「寫信給喬治」這種方式，在撰寫電子郵件廣告函時非常有用，因為我經常會在電子郵件當中寫了太多細節；原本只需要寫五行，我卻寫了五十頁。每當我發現自己這麼做，就會把這些扔了，開始動手打字，寫電子郵件給我的好兄弟喬治。

主旨：我剛發現了很棒的軟體

嘿，喬治，我剛發現了這個很棒的軟體。

我知道你對——很有興趣，這個真的很棒。

你一定會想要看看這個軟體，因為這個能夠做這個、這個、這個和這個。

超連結在這裡。我們再聊，掰啦。

吉姆致上

針對個人撰寫的電子郵件，效果勝過其他方式的機率會是九十九%。

請你務必記得一件事，有數百萬人會閱讀你的銷售訊息，但你每次只賣東西給一個人。

請你用他們的方式說話。用他們了解的詞彙。

絕對不要讓他們覺得自己很笨！

重點整理

- 在銷售的場合當中，困惑的心靈永遠只會說「不」。
- 請讓你的訊息簡單而直接。
- 不要使用生難字詞，不要讓人自覺很笨。
- 這和你有多聰明無關，只和你能夠給他們多少幫助有關。

秘訣
14

如果欠缺使用者見證，該怎麼辦？

「我們都習慣聽別人說這個產品是世界上最好的，或是最便宜的，因此會對這些說法半信半疑。」

——羅伯特．克里爾（Robert Collier）

「用你擁有的事物，在你所處的位置，做你能做的事。」

——小羅斯福（Franklin Roosevelt）

你終於走到這一步了。你非常努力，寫了書、創造了軟體、設計了服務，或是掛牌提供教練服務——可是，你還沒有使用者的見證。

有些人認為這是他們永遠無法克服的障礙。大家會在這裡卡住，是因為他們看到別人在廣告文案當中使用了別人的分享見證、回饋、代言、評論等等，自己卻提不出任何一種。

沒錯，使用者見證能夠為你提升買氣，並且強化行銷訊息的效果。不過在提到廣告文案以及銷售流程時，你真正擔心的是**證據**。大多數人看完你的廣告文案，大腦裡多少會出現這個聲音：「這東西聽起來不錯，不過我為什麼要相信你？這對我來說有效嗎？這對其他人來說有效嗎？我真的需要這東西嗎？」

缺乏那樣的證據，正是你認為需要使用者見證的原因，並且在你沒有任何的使用者見證之時心慌慌。

通常在撰寫文案時，使用者見證的部分會放在產品說明以及銷售方案之後。你已經透過標題吸引他們讀下去，你已經有很棒的條列式要點引發他們的好奇心，你已經告訴他們一些資訊……突然之間，就到了要考慮做出購物決定之際。就是在此時此刻，許多人會說：「好，那聽起來不錯，但我也不是第一次聽到這種事了。為什麼我要相信你說的話？」

你需要證據來證明你所說的話相當重要，在他們身上也行得通。除了針對產品的使用者見證之外，你還可以運用其他許多不同的證據元素。

最理想的狀態之下，你會希望自己有說明產品使用結果的使用者見證，這些內容來自於用過你的產品、服務、軟體等等的人。這個人使用後的成果斐然，因此願意說：「我用過了這個，獲得了這項、那項以及某某成果。這個東西非常棒，改變我的一生，這就是證據。」

以成果為導向的使用者見證，才是你希望看到的見證。但你運用時必須特別留意，尤其是在健康、財金、銀行、投資等等方面。那些領域針對使用者見證有特殊規範，你必須要提供一些免責聲明以及揭露事項（請自行研究相關內容）。不過當局通常會格外關注對於健康與財金方面的見證說法。

總之，使用以成果為導向的見證時請謹慎為之，而且絕對不要捏造。

成果導向以外的見證作法

另一類的見證是關於你和你的公司。獲得這方面的見證比較容易，只要請和你有生意往來的人，提供關於你和貴公司的見證，這樣你就有可以放在自己網站上的見證內容。只要請他們說些話，如同跟朋友或同事介紹你一樣，詢問他們是不是可以把這些話放在你的網站上。就這麼簡單。

另一種見證是名人代言，這位名人可以是你利基市場的知名人物。

例如，二〇〇一年時我推出電子書，首次進入線上事業的競技場時，就獲得了傑．康拉德．萊文森（Jay Conrad Levinson）的代言，他是《游擊行銷》（Guerilla Marketing）的作者。我寄了電子書給他，請教他是否願意分享心得，他就幫我代言了。那真是太棒了！順便一提，去探詢那些不知道有沒有意願幫忙評論你產品的人，對你其實毫無損失。把產品寄給在你的目標客群內有知名度者，試試他們是否願意代言；大多數人會拒絕，只要其中有一、兩位同意，就能改變你的一生！

有了名人代言之後，你接下來要做的事，就是運用統計數字來支持你想對大家說的內容。

市面上有多到超乎你想像的研究以及統計數字，只要在Google搜尋引擎當中輸入你的主題再加上「統計數字」或是「研究」即可。

例如，我們想要找一些證據，來佐證《自己賣房子》（Selling Your Home Alone）這本書的促銷文案。你可以在Google當中搜尋「自售房屋統計數字」。美國全國房地產經紀人協會指出，十個自售房屋的屋主當中，有九個會失敗、放棄，在三十天內去找房地產經紀人。因此你可以在證據的部分，利用這個數據表示：「事實上根據統計，十個自售房屋的屋主當中，有九個會失敗。不要讓自己成為其中之一！那就是你需要這本書的原因！」

請利用這些統計數字當證據，支持你的說法。

你也可以引用名言來強化你的證據。找一些相關的名言，來支持你想要大家去做或是購買的東西。在適當的地方運用這些名言來增加可信度，強化「向你買東西是個好決定」的概念。

至此，如果你還沒有任何使用者的見證，現在你應該知道有哪些選擇可以用來作為廣告文案當中的證據元素了。

讓我很快的跟你說個小故事。在我撰寫《自己賣房子》這本書的時候，我把自己寫好的書送給打算要自售房屋的人，藉此獲得見證。我把書交給他們並且說：「這是我的書，我想應該會對你有幫助。如果確實有幫助，你是不是可以幫我寫一些心得？還有，如果有什麼我可以幫忙的，也請告訴我。」

我只對他們說了這些。結果如何？我收到了許多這本書的使用者見證信，只因為我免費贈書、請他們分享心得而已。

你要如何將這個秘訣付諸行動？答案是，不要因為缺乏見證就裹足不前。如果你還沒有結果導向的見證，請運用我告訴你的其他作法，從中找出一個或多個方式來幫助你獲得所需的證據。

取得使用者見證最快的方式，就是把某樣東西送給不同的人，看看他們是否願意分享心得，或是替你、你的產品甚且整個主題進行代言。

不要因為缺乏見證而讓你卻步不前。大家火氣上頭時難免說些蠢話，像是：「噢，我沒有這些東西，所以沒辦法銷售。」那不是真的。使用者見證能夠幫你賣得更多嗎？很可能會！但你如果一開始沒有賣出，就不可能賣更多；如果你一開始沒辦法把那個東西賣出去，那你根本不可能賣出一些！

重點整理

- 不要因為缺乏使用者見證而讓你卻步不前。
- 你需要證據，才能讓他們對「向你買東西」這個決定感到自在。
- 證據有許多形式，包含名人代言、統計數字、名言佳句……等等能夠支持銷售訊息的內容。
- 把你的產品送給別人，藉此換取誠實的使用者心得。

秘訣

15

三個絕不失敗的銷售公式

「如果你做不成銷售，錯不在產品，而是在你。」

——亞詩．蘭黛（Estee Lauder）

你真的需要了解秘訣八的內容，也就是你的弗雷德，你的理想原型。

- 他的抽象問題是什麼？
- 他的具體問題是什麼？
- 他的絆腳石是什麼？
- 他想要什麼樣的結果？

因為如果你不了解弗雷德，就無法運用本章的公式，所以你必須對此深入探討。請你花一、兩個小時仔細研究，了解你的朋友弗雷德，接著再運用本章的三個公式——這些公式不僅能讓你獲得一次、兩次的報酬，而是長達一輩子。

這些公式可以運用在二十頁的廣告函、一分鐘的電視銷售廣告，以及十分鐘的銷售演講。你在任何地方想要創造銷售訊息時，它們都能夠奏效。

讓我們開始了解如何架構銷售訊息吧！

公式一：定義→煽動→解決

這是我最愛的公式，因為可以運用於任何地方。你在撰寫銷售訊息時，可以分為三個部分：

一、你**定義**他們面對的問題。
二、你進行**煽動**，讓問題變得更嚴重，令人痛苦。
三、你透過提出產品或服務作為解決方案的方式，來**解決**問題。

關鍵在於，讓問題變嚴重。嚴重許多！

「煽動」是這個公式當中的魔法，可以運用在長達二十頁的廣告函或是透過紙本郵件、電子郵件寄送的單頁訊息當中。無論在何處都能夠發揮作用。你因為他們的問題而與他們相遇，請不要讓他們孤立無援。

底下我們用狗的侵略性作為例子。

案例：具侵略性的狗

- **陳述問題**：「問題是這樣的。如果你的狗對別人吠，表現得好像要咬人，你就必須迅速處理這個問題。」
- **煽動**：「如果你不去處理，很可能會被告。你的狗有可能會咬斷小孩的手腳。你可能會因為一次狗意外攻擊的事件，一輩子良心不安，並且背負沈重的財務負擔。無論你的狗有多無辜、多可愛、多友善，如果沒有好好訓練牠們，都可能會讓你的下半輩子賠錢賠不完。」切記，煽動是這個公式當中的祕密配方。
- **介紹解決方案**：你可以說：「你很幸運，現在有個解決方式。《從小狗到成犬的訓練指南全書》不僅能夠幫你解決狗的侵略性問題，也可以協助你進行大小便的訓練、讓狗學會一些把戲，並且與狗維持良好的互動，使牠成為你快樂健康的家人。」

就是這樣！無論那是電子郵件當中的行銷影片，引導某人前往某個網站，或是社群媒體的貼文、臉書直播等等都一樣。公式就是：問題／煽動／解決。

我們再來看兩個例子：房地產轉手投資客、婚姻諮詢。

案例：房地產轉手投資客

- **陳述問題**：「你想要透過轉手賣出房屋獲利，但別人也想這麼做。」
- **煽動**：「更糟糕的是，每次只要有轉手投資的研討會出現，就會有上千人競相爭取你平常就努力想要爭取的物件。那意味著你不但更難找到物件，同時也意味著就算你真的找到物件，利潤也會變少，因為那些新手願意花大錢競價，害你甚至在還沒順利轉手成交之前，利潤就已經被壓縮了。」
- **介紹解決方案**：「你很幸運，現在有個解決方式。這本《密探！找出隱藏的轉手投資物件》能夠幫助你在物件出現到市面上之前就先找到。書中會告訴你如何找到物件、如何進行物件融資、如何在別人知道有物件釋出之前就先成交。」

案例：婚姻諮詢

- **陳述問題**：「你和你的配偶不再像之前那樣聊天，現在一切看起來似乎都有點怪。」
- **煽動**：「但你真正面對的問題是這樣。如果你們現在無法修復關係，統計數字指出你們最後很可能會離婚。即使沒離婚，你們住在一起過日子也會很不快樂，對方不再是情人、也不是摯友，只是個室友。你們沒分開的唯一原因，只是為了孩子或是房貸。」
- **介紹解決方案**：「你很幸運，現在有個解決方式，就是這本《活化婚姻指南》，能夠幫助你們重新建立關係，維持暢通的溝通管道，並且再度學著欣賞對方。這本書能夠幫助你們重新燃起最初的愛苗，成為共同承擔一切的好隊友，恢復你們結婚之前的感覺。

就是這樣！問題／煽動／解決，你可以運用在任何方面。這個方式對冷流量來說特別有用。

公式二：好處①→好處②→好處③

如果你想要擁有三重好處，就這麼做吧。這是正面訊息的變化形式。當你把重點放在渴望而非問題本身時，你就該採這種方式。你提到好處、又是好處、還是好處，接著再說明你希望他們能夠採取的行動。

來看訓練狗的例子。除了侵略性的問題以外，你還想教狗一些把戲。有隻訓練有素、會表演一些把戲的狗，肯定很有趣。「如果你想要**訓練你的狗，教他一些很棒的把戲**，或者甚至只是想**和你的寵物擁有更多快樂時光**，你就應該看看『十個你可以在一週內教會狗的把戲』這門課。原因如下……」

再來看不動產投資的例子。「如果你想要**找到好物件**，如果你想要**搶在別人之前找到物件**，以及想要**不用苦苦追尋就能擁有穩定的物件來源**，你就必須看看《轉手投資者的天堂》這本書。

原因如下……」

最後是婚姻諮詢的例子。「如果你想和**另一半重燃愛火**，如果你想要**找回結婚之初的感覺**，或只是想要**和你在世界上最好的朋友恢復關係**，那麼請你看看《活化婚姻的祕密》這本書。原因如下……」

第二種公式相當簡單，通常對熱流量與溫流量的效果都非常好。

公式三：之前→之後→搭起橋樑

這個公式運用了一些神經語言程式學的內容，這個學科研究的是語言如何讓人採取行動。

之前　　之後　　搭起橋樑

一、**從「之前」開始**：說明現況。基本上，那會是個抽象問題、具體問題、絆腳石，或是讓他們覺得不開心的事。

二、**介紹「之後」**：請他們想像未來生活的情形。在神經語言程式學當中，這被稱為「未來模擬」（Future Pacing）。「想像一下在你的生活、處境、事業、婚姻等等當中，有一天負面的情況就消失了。」只要你描繪出他們解決問題、回答問題、清除絆腳石的畫面，就會從不開心的狀況變成開心——現在，就是把你的產品與這種開心的感受連結在一起的時候。

三、**搭起橋樑**：「要達到那種願景的方式如下。產品在這裡、服務在這裡、方法在這裡。這樣做你就可以跨越現況與那種願景之間的鴻溝。」

讓我們來套用到前面的範例。

案例：具侵略性的狗

- **從「之前」開始**：「你的狗不聽話。你很擔心牠會掙脫繩子跑到街上，甚至跑到車陣當中被車撞。牠很可能會跟其他狗打架，或是咬傷鄰居的小孩，這樣或許會讓你面臨嚴重的法律問題。
- **介紹「之後」**：「現在，想像一下如果能讓狗聽你的，會是什麼情形？狗不是因為怕你才聽話，而是因為愛你。你可以不繫狗鍊和牠走在街上。你的狗會做各種有趣的把戲，你們也能夠共享快樂的時光。你根本不用擔心狗有攻擊性，或是對別人做出任何不良行為。你和狗在一起的時候非常開心，你們之間的關係也非常好。」

- **搭起橋樑**：「你想要達到那個目標的方式就在這裡。這本《訓練狗的祕密》能夠幫助你得到好處一、好處二、好處三。方法如下……」

案例：不動產投資

- **從「之前」開始**：假設你的理想原型有著尋找物件的問題。「這就是你現在的處境：你無法比別人更快找到物件。你每天都會看報紙的分類廣告、Craigslist分類廣告網站；你每天走遍大街小巷，尋找貼著「自售」牌子的房屋。問題是，這些事情大家都在做。」
- **介紹「之後」**：「想像一下，如果你的電話響個不停，一直有符合資格的人來電要和你做生意，你的不動產投資生活會是如何？你擁有無限的資金來源，因此你想要做什麼案件都沒問題。你可以精心挑選最好的物件，把其他的轉介給別的投資客，並且從中收取轉介費。」

- **搭起橋樑**：「讓我告訴你怎麼做到這點。有了《轉手投資客天堂》這本書，你就能夠做到這件事、那件事、另一件事。我的意思是……」

案例：婚姻諮詢

- **從「之前」開始**：「現在的情形或許是如此，他們之間的感情不太好也不太壞，就是平淡無波。你和配偶在走廊上遇到彼此時，會說說話、互相擁抱，偶爾也會做愛。但整體來說，一切和過去不一樣了，你甚至開始懷疑夫妻倆是否仍是一對兒。」
- **介紹「之後」**：「想像一下如果你每次看到配偶，心情就和你們初次相遇、熱烈追求、甜蜜約會的時候一樣，會是什麼感覺？你們在一起的時間，是彼此覺得最特別的時間。你每天下班回家，等不及想要看到你的另一半；你迫不及待想要在週末和對方在一起，一起做一些事。」

- **搭起橋樑**：「那不再是天方夜譚，它可以在你的現實人生中成真。方法如下……」接著你告訴他們，如何透過你的產品、服務等等搭起橋樑，幫助他們達到目標。

這個公式適用於所有不同溫度的流量。

你可以在哪裡運用三個公式？只要你想開始銷售，無論在何處、原因為何，都能使用這些公式，在推特、部落格、社群媒體貼文、電子郵件廣告當中使用它們，一旦你打算啟動銷售流程，這些公式都能見效。

重點整理

- 這三個銷售公式真的有效！
- 這些公式會帶領大家走過內心的流程，讓他們步步邁向買單。
- 請測試每個公式，找出對你的目標客群效果最好的一種。

秘訣

16

都是冰淇淋，我該選什麼口味？

「如果你幫助夠多的人獲得他們想要的，那麼你就能夠獲得所有你想要的。」

——吉格．金克拉（Zig Ziglar）

提到廣告函，你很可能會問：「我該使用哪種形式——影片、長篇的廣告函，或是短篇的廣告函？你認為哪一種最好？」有些人認為廣告長度很重要。

要回答這個問題，我會先告訴你我個人的答案，接著再提供專家的答案。

我個人的答案：影片廣告

我建議你從影片廣告開始。為什麼？對我來說，想要測試某個概念、賣東西、提供某個方案或是啟動新的漏斗時，影片廣告是我能最快實踐的作法。任何時候只要我想進入市場，廣告影片都是最快的方式。

我會這樣安排影片架構——

- 用標題開頭。這似乎理所當然，不是嗎？但正如我們在秘訣六當中提到，標題是廣告文案當中最重要的部分。
- 插入你的影片。
- 加上「購買」按鈕，放在影片的正下方。

有時我就只做到這裡。有時我則會加上下列內容——

- 在「購買」鈕的下方，加入四到六個精彩且能夠引發好奇心的條列式要點。
- 給予保證。
- 簡述他們會得到什麼。
- 再插入一個「購買」按鈕。
- 做出文案的結論。
- 附註。重述影片當中提過的主要好處。

如今影片完工，有些人會心急地想讓影片自動播放。不過實際上，網路上越來越多人抗拒自動播放的影片，而Chrome瀏覽器基本上也會阻擋有開啟聲音的自動播放影片。

接著，我們自然會在影片下方放一個「購買」的按鈕，然後是有關產品、軟體、服務等等約三到六個條列式要點。我們有時會將兩者交換，也就是先放影片、條列式要點，再放「購買」按鈕，但通常我的「購買」按鈕會放在影片的右下方。

我們提出了保證，並且簡述他們會得到的好處，其實就是用條列式要點的形式，在重點整理的部分列出他們能夠得到這個、那個……等等。接著我們再放一個「購買」按鈕。最後，我們做出結論，之後或許再加上附註，這裡的附註基本上只是再次強調影片當中提過的主要好處。

針對幾百元上下的產品，我都以這種模式操作。為什麼？

一、製作迅速。如果你具有適當的工具與知識，一天之內就能夠完成影片廣告。

二、大眾很容易消化。你把流量導來看影片，看看大家對它反應如何，接著查看銷售量、加入訂閱、點擊數……總之是你這份廣告文案想達成的指標。

這代表長篇的廣告函已經作古了嗎？當然不是。請不要相信那些說長篇廣告函已死之類的話。我仍然會運用這種形式，因為相當有效。

既然你已經用影片廣告起步了，何必還要使用長篇廣告函？因為你會使用較長的文案來推銷高價產品，或是當潛在顧客需要充分資訊才能夠做出購買的決定。

根據我的經驗，沒有人會想看長達一小時的廣告影片。他們會參加長達一小時的網路研討會，卻不會看一支冗長的廣告影片。所以在某些情況下，你必須透過長篇文案提供更多資訊給大家。

在銷售價格較高的物品時，人們通常需要更多資訊，尤其是技術門檻高的物件更是如此——你必須提供更多資料，他們才能夠做出決定。不過這倒不是絕對如此，我知道有人用一支長達八分鐘的影片銷售要價五千美元的教練課程，裡面卻沒有附加其他說明，在影片結束的時候，你就要決定買單與否。

通常，你使用長篇文案的兩個原因，其一是你販售的東西價格較高，或是大家需要更多資訊才能夠做出決定。在這種情況下，我們通常會用標題開頭，當然還是會做一支廣告影片，接著放「購買」的按鈕，最後再放長篇廣告函。不會因為你用了長篇廣告函就不能同時使用影片。

順便一提，即使長篇廣告函的內容和影片當中介紹的重複也無妨。其實，我還看過廣告影片裡面的內容，和長篇廣告函所寫的一模一樣。長篇廣告函基本上就是影片的逐字稿；也可以說在有些情況下，長篇廣告函就是用來製作影片的腳本。

你為什麼需要把影片和長篇廣告函放在同一個頁面？因為大家若不是看影片，就是會閱讀長篇的廣告函。假設某個人在工作，或許處於沒辦法和不能聽聲音的狀況之下，這時就會閱讀文案；甚至有人會把文案印出來，閱讀紙本。有些人想要閱讀文字，有些人想要觀賞影片，有些人兩者都會做。實際上，有些人會先看影片，接著閱讀廣告函後，才會決定要不要買單。

你應該在什麼時候使用短篇的廣告函？基本上，主要是用來販售價格較低的商品。你不需要製作長達三十分鐘的影片、多達三十頁的廣告函，來銷售只有十五或二十美元的東西。一般來說，你在這種情況下用長篇銷售訊息過度推銷，大家反而會起疑。

你也可以運用較短的廣告函或是影片來推銷不太需要說明的東西，例如實體的產品。你只要在影片中拿起那個產品，說：「嘿，你看，這就是我的東西。它能夠做到這件事，對你有這些好處。這是為什麼你現在就應該買它。」

販售價格較低以及不需要大量說明的產品時，使用較短的廣告函有其道理。如果你真的寫了很長的文案，可能有人會說：「他們推銷得這麼用力，感覺不對勁。」

基本原則：在九十九．九九％的情況下，我的首選會是影片廣告。

專家的答案：用測試來決定

專家會說，你該實際測試，看看是廣告影片、長篇廣告函，還是短篇廣告函的效果比較好。

提醒一聲，請小心那些「唯我獨尊的專家」，也就是告訴你某件事情只能用某種方式進行的人。沒有人在比較廣告影片、長篇廣告函、短篇廣告函之前，就能夠確切知道結果。針對你特定的客群該用哪種廣告文案，既是科學也是藝術。

真相是，大家在販售東西的時候，會找出適合他們且能夠達到效果的模式，接著告訴別人這是唯一能夠成功的方式。

讓我舉例說明。有一位網路大師說紅色的標題不再有用了——當時，大家認為標題就必須用紅色，但他告訴大家：「紅色標題已經沒用了；你應該使用藍色標題。」

因此大家把標題改成了藍色。結果如何？許多人的轉換率下降。有些人（我就是其中之一）測試了紅色與藍色標題的轉換率，發現紅色標題在許多銷售訊息當中表現來得比藍色好。

在歷經幾千名、幾萬名、幾十萬名訪客之後，差異相當明顯。那些沒有針對理論進行測試的人，因為別人說某種方式比另外一種好，就信以為真而賠了錢。

學習模式與公式是件好事，但唯一能知道它們是否奏效的方式，就是去測試不同的變因，了解哪些對你的客群、流量、方案的效果最好。

另外，因為你之前做過某件事並獲得不錯的結果，從此落入了窠臼時，你就得當心了。這正是「夠好」會扼殺你的成效之時！即使是我，也得隨時留意這點。如果你不斷用同樣的方式做，卻沒有進行測試，最後很可能會讓自己少賺到那些原本可以賺到的錢。

再舉一個例子說明。你是要推銷同系列更好也更貴的產品（up-sells），或是要做加值促銷（one-time offers，在一開始的銷售方案之後提供額外的銷售方案作為漏斗，來增加每位客人的人均利潤）？我現在每次都會這麼做。為什麼？因為在銷售同樣的產品十年之後，我加上了加值促銷方案，利潤立刻增加三十%。事情發生當下，我真的很想去撞牆，因為我看到加值促銷方案的成交數遽增，於是開始往前推十年，算出我這些年來少賺的錢高達九十八萬美元。

至少你必須進行測試，看看廣告影片的效果是否比其他方案好。我推薦你運用上述方式，從廣告函開始著手。但你必須測試什麼對你與你的客群最有效，這樣才能確定哪一種方式可以讓你獲得最好的結果。

重點整理

- 覺得有疑問時，從廣告影片開始著手。
- 但你終究必須分別測試長廣告函、短廣告函、影片，才能夠找出最佳方案。
- 請留心那些宣稱廣告文案只有某種寫法的人。唯有實際測試才能確切知道有沒有效果。
- 時時注意別讓自己落入只能用某種方式做廣告函的陷阱，尤其你過去曾獲得「良好」的結果時更是如此。

秘訣
17

如何「迅速」撰寫出色的廣告文案

「廣告的唯一目的就是要銷售。至於廣告能不能賺錢，要視實際上的銷售結果而定。」——克勞德．霍普金斯（Claude Hopkins）

想要迅速寫出出色的廣告文案？那麼，你需要搞懂廣告文案的十三個部分。我喜歡把這十三個部分當作樂高，一層一層堆疊上去。

不過，在「寫廣告文案」這個例子裡，你是從最上面開始，而非由底部寫起。只要分別專注在十三個不同的部分，你就不會感受到撰寫整份廣告文案的壓力。你分別去創造每個部分，會讓文案好寫得多。

分別進行十三個部分，比一次做出整個龐大的銷售訊息專案更加容易。你可以各別在閒暇的不同時間完成這些部分，這對非全職的企業家來說非常實用。

關鍵的觀念如下：**廣告文案每個部分的職責，是要讓觀者前進到廣告函的下一個部分。**

請把廣告函想像成過河的踏腳石，一塊石頭帶你前往下一個點，以此類推。如果你少放了一個，就會讓人失足落入水中，無法帶領他們前往購買的彼岸！

另一種方式是，把它視為往昔用水桶滅火的消防隊。消防隊一次只能倒一桶水，接著有十位、十五位、二十位消防員站成一列，把裝滿水的水桶傳遞給下一個人。如果其中一位倒下或是退出這個隊伍，一切就會無法運作，建築物也會燒成灰燼。

重點在於：請你按照順序思考這些部分，讓這些部分依序傳遞水桶。

①標題

第一件事就是你的標題包裝，這部分會由前標、標題、子標題組成。例如：

致：所有利用漏斗技巧的人

如何「不用」花錢聘請高薪的文案撰寫人員，就能夠（在十分鐘內）寫好所有的廣告函、影片腳本、網路研討會投影片！

（即使你討厭寫作，或一直不想了解有關文案撰寫的一切，也能夠奏效！）

切記，標題的目的在於引起適當客群的關注。

如果你想寫的是一封信，內容很可能會是「由（你的姓名）所撰寫」，有關某個主題。例如：

由吉姆・愛德華所撰寫

回覆：如何只按一個鈕，就能夠解決所有廣告文案的問題我們在這個標題組合當中做了哪些事？我們抓住了他們的注意力，告訴他們信是誰寫的，也用三言兩語簡短述說信函的內容。

而在廣告影片當中，最重要的就是說出口的前幾個字。例如：

你需要撰寫出色的廣告函嗎？嗨，我的名字叫做吉姆．愛德華。在接下來的幾分鐘裡，我會告訴你如何迅速寫出精彩的廣告文案。

在廣告影片或是有聲腳本當中，頭幾句話就是你的標題。因此第一部份要抓住大家的注意力，接著你開始介紹自己，最後讓大家知道後續會有什麼好料。

②驚人的說法

第二塊積木是「驚人的說法」。許多人活得不太警醒，他們很少注意你所說的話，或是自己看到、讀到的內容。他們會因為許多事情分心，例如：「我應該要去看看臉書」、「嘿，我想知道推特上面有什麼」、「嘿，我想知道晚餐要吃什麼」。

這些分散注意力的事情會朝他們的大腦進攻，而你的工作就是要震懾他們，使他們停下手邊的事，注意聽你說話。你可以透過使用驚人的說法或是圖像來做到這點。

這倒不是要你說的像是：「嘿，想瞧瞧大雕嗎？我脫給妳看！」雖然這句話或許適用於某些網站。我們在這裡所謂的驚人說法，可能是顛覆他們的既有認知，或是揭露某項他們有所懷疑的事。

請使用「你知道……？」的說法。例如：

你知道大部分想要撰寫廣告文案的人，最後都以悲慘的失敗結果收場？沒錯。有些人甚至會落入破產的境地，並且失去他們的房子！

他們會想：「**有這種事**？」我再舉兩個例子：

你知道大部分人無法順利從軍的原因，不是因為有前科，而是被認定太胖而不適合接受訓練？

你知道開始寫書的人有九十九％不會完成，他們一輩子背負的悔恨，就像在頸部掛了五十磅的鐵鍊？

他們會想：「**我的天，我最好多注意。**」

讓我告訴你一個很棒的訣竅。還記得我在秘訣十四裡提到，如果你沒有真人見證時，應該怎麼做嗎？你往往在進行研究的過程當中，就會發現一些很棒的有用資訊，適合拿來套用在「你知道」的說法當中。

以下是一些我會在「屋主自售」書中運用的例子。我剛才在Google當中搜尋了「屋主自售統計數字」。

你知道十個自售房屋的屋主當中，有九個都會鎩羽而歸，最後在三十天內就和房地產經紀人簽約嗎？

你知道自售屋主售出房屋的價格，平均都比不動產經紀人少五萬九千美元嗎？

他們會想：「**噢，真是該死！**」

這就是你希望讀者或是聽眾出現的反應。你希望他們**停下手邊正在做的事，注意你所分享的每個字**。

③定義問題

請用我們在秘訣十五當中討論的「定義→煽動→解決」的公式來定義問題。有其他的公式嗎？有的。這是最簡單的嗎？是的。這是最可能讓你迅速賺到錢的嗎？那還用說。

你在定義問題的時候，要毫不遲疑地確切說出他們面臨的問題，例如：

這就是你面臨的問題。

你可以直接沿用這些字詞，填入空白的部分。整個陳述的過程沒有絲毫懷疑。現在以軍隊體能測驗的利基為例：

這就是你面臨的問題：我們整個社會的生活型態過於靜態，年輕人不知道如何健身並且維持良好體態。

另一個作者利基的例子：

這就是你面臨的問題：大部分的人認為寫書很難，要花許多時間，因此他們不敢想像自己躋身作者的行列。

④煽動

你把問題告訴他們，但是這樣還不夠好。你會想要讓問題觸及痛處——問題越痛苦，他們就越需要解決方案，也更願意花費自己的時間、金錢、注意力來解決問題。

如果你只停留在問題的階段，他們會說：「嗯，我**沒那麼**胖嘛。」或是「我有機會時就會把書寫完。」接著就繼續坐回沙發裡，打開電視看「莫里脫口秀」、吃零食，書稿永遠不見天日。

吉姆．愛德華的名言：「如果不痛他們就不會買單！」

這個步驟就是在傷口灑鹽。你會用下列的說法，讓情況變得更糟糕，例如：

這意味著你……

請注意，這種方式和秘訣九「條列式要點的終極公式」當中用來引發情緒的方式相同。然而，在這裡我們要引發的不是正面感受，而是要壓垮他們的靈魂！例如：

這意味著你絕對不會有機會入伍報效國家。

這意味著你一輩子都會是胖嘟嘟的沙發馬鈴薯，也絕對無法完全發揮你的潛能。

這意味著你無法和全世界的人分享你的訊息。在你死去的時候，你的訊息也將隨你一同逝去。

你希望他們會說：「該死！那樣真痛苦，真的痛徹心腑。好的，你抓住了我的注意力。好的，我不想那樣死去，現在就救我吧！」

這樣的過程**不需要花上好幾頁篇幅**，而是像在酒吧裡鬥毆，左右開弓兩拳收工，當下他們還不知道自己被打了！你用力賞他們一巴掌，就抓住了他們的注意力；你不用一打再打。

⑤提出解決方案

現在，你要針對你之前煽動的問題，導入自己的產品或服務給他們。

在你賞過他們巴掌，讓狀況看起來更糟糕之後，你可以說：「你非常幸運，現在有個解決方式。讓我向你介紹……」例如：

你非常幸運，現在有個解決方式。讓我向你介紹《體能測驗生存指南》，這本新書能夠幫助每個人通過下次的體能測驗。

你非常幸運，現在有個解決方式。讓我向你介紹《七天電子書》，這個革新的課程能夠幫助大家在不到一週的時間當中，從零開始寫好與出版他們自己的書或是電子書。

你要做的就只有這樣。你可以用「讓我向你介紹……」的句型來介紹解決方案。

讓我向你介紹我的新教練課程。

讓我向你介紹一個不可思議的軟體，能夠替你撰寫所有的廣告文案。

讓我向你介紹一本很快就能讀完的書，能夠就此改變你的不動產投資生涯。

無論你的東西是什麼，這種方式都能奏效。

⑥使用條列式要點來引發好奇心

第六塊積木是要使用條列式要點來引發好奇心。（你發現目前所學的一切都連接在一起了嗎？）在介紹過解決方式之後，請把你的特色、好處、意義共同用來引發好奇心，讓大家想要採用你的解決方案。

你需要幾個條列式要點？就我來看，多數時候只需要六個、八個或十個有憑有據的條列式要點即可。沒人想看上百個條列式要點，要讓他們看到你最好的六個、八個、十個條列式要點。我的意思是你絕對不要列出一長串的條列式要點嗎？當然不是。但實際上在撰寫廣告文案的時候，十個有力的條列式要點完勝五十個普通的條列式要點。

如果你想要迅速寫出好的條列式要點，請複習一下秘訣九「條列式要點的終極公式」。

⑦有關你的可信度聲明

請你告訴大家有關你的事，以及為何你有資格為大家提供解決方案。同樣的，視你撰寫的文案類型而定，這可以是一個句子，或是用一整個頁面列出你的學經歷、證照，以及你如何擁有今日的成就。這全都取決於你銷售訊息的長度以及目的。

如果你需要長篇的廣告函來販售昂貴的產品，廣告函就對銷售的決定舉足輕重，大家會想知道是誰賦予你資格、你有哪些資格、在何處與何時取得資格、為何有資格，以及如何有資格帶給他們解決方案。

相反的，發明了《完美伏地挺身》與《完美引體向上》的人，就只用非正式的一分鐘介紹「由美國海豹隊隊員研發」。這五個字已經建立了他所需的信用，讓他售出的健身課程金額高達一億美元。

至少，你必須回答這個問題：「為什麼是你？」

⑧證據

證據要能夠回答這個問題：「為什麼我要相信你？」現在請你運用見證者的說法與代言，運用目前手上擁有的東西（統計資料、引言、政府研究等等）來建構證據。

你可以透過這樣的說法來導入證據：「**請不要光是聽我說，來看看這個吧**。」這種方式能夠讓你很順利地連接到這個部分。

我們還沒討論過的一種證據，是圖片或圖表。影像是最棒的證據，但也是規範最嚴格的一種。為何如此？照片非常具有說服力，但也很容易偽造。想想減重的廣告吧！那種減重前與減重後的照片非常具有說服力，但許多這類照片都是偽造的。告訴你一個下流的小祕密——實際上減重前（肥胖）的照片往往都是後來拍的照片。換句話說，大家會找出他們原本很苗條的照片，再拍一張現在很肥的照片，然後把時間順序倒過來寫。這種花招真低級！順便提醒，請你不要這麼做。

如果你要證明自己的收入，可以放一張帳戶明細的照片。許多人會放支票的照片，尤其是房地產投資的廣告文案更是如此。大家也會放往來對象的照片。

我給你的最佳建議：請無時無刻都要說實話，並且找出證據支持這點。如果有人說「嘿，你需要上法庭證明這是真的」，你做得到嗎？

⑨將提出的方案加總，並提出價格

在這個部分，請確切說明他們能夠得到什麼、會用什麼方式得到，以及必須付多少錢才能得到。

以教練課程為例：

- 這是個六塊肌的教練課程，開始日期是幾月幾號。

- 每週上一次課。
- 會有提問與回答的時間。

以電鑽為例：

- 十八伏特的電鑽。
- 額外贈送二十個鑽頭與螺絲起子組。
- 用UPS快遞寄送，並且會在三、四天內到貨。

無論是什麼，請告訴他們實際上會得到什麼、什麼時候可以收到、會用什麼方式寄送，以及費用是多少錢。

現在我們來說明一下價格。有些人說，在揭露價格的時候，要用大幅降價的方式呈現。在某些情況下，大家已經對這點免疫了，尤其當你不是面對面銷售或是直播銷售的時候更是如此。

例如，在文字廣告或是網路頁面這些你不會親自敲定交易的地方，如果你告訴某個人：「通常這個東西賣三百九十九美元，但今天你只要花二點五美元就能夠買到！」這種方式完全無法奏效。他們不必讀完這個句子，腦袋裡的胡扯偵測器早就大聲示警了。

你若想了解日常物品價格的良好折扣範例，請參考亞馬遜網站。通常，每項產品都會有被劃掉的定價，以及折扣後的價格，折扣範圍通常是十%到三十%。此外，也請你參考他們把價格劃掉時是用了怎樣的色彩配置等等。

你可以說：「通常都是賣這個價格，但現在只要這個價格。」你希望讓大家覺得撿到好康，這裡就是你該做到這點之處。

我要警告你，**那些靠低價賺錢的人，通常也會因為低價而損失慘重**。如果大家購買的理由是因為價格很低，你多半賺不到什麼錢。請你提供超值的價格，但**不要落入批發的定價陷阱**，也就是僅用價格取勝。整個小鎮裡賣得最便宜的人，很少能夠賺錢（除非他後端有非常龐大的漏斗）！

⑩紅利與甜頭

如果你有紅利，尤其是能夠省錢、提供額外服務，或是列出其他好處，你可以在這裡告訴他們。

在這個部分當中，你必須為自己所提供的方案增加更多價值。或許你可以再增加一些東西進去，像是紅利報告、提供能夠單獨向你諮詢的機會，或是其他會讓他們覺得物超所值的方案。請你務必要增加紅利的價值，讓他們看見這個方案的額外好處為何相當有價值。

馬龍．山德斯是我非常尊敬的人，他告訴我的一件事吸引了我的注意力，並且讓我銘記於心至今長達二十年。二〇〇一年二月某一天，我站在科羅拉多波德市的飯店大廳裡，他說：「吉姆，世界上最容易的事，是用幾角的價格賣出幾元的東西。」為了要讓你提供的方案更能夠達到效果，你就要不斷增加紅利，直到最後你提供的總價值，變成了你收取費用的十倍。那是很棒的建議。

接著馬龍說了改變我一生的話。時至今日，我仍記得我們站在那裡聊天的場景，他的茶杯外掛著立頓茶包的標籤，那時候與會者已紛紛返回會場當中。他告訴我這個驚人的知識時，只剩我們兩個人站在那裡。

「吉姆，如果你真的想要讓自己提供的方案相當出色，**請把競爭對手的獨家賣點，變成自己方案的免費紅利。**」

換句話說，無論你的競爭對手提供什麼獨特的方案，請你把它變成你方案當中的紅利。那樣做的話，顧客不會把你和競爭對手做比較並從中去選擇，而會直接向你購買，因為他們發現只要向你購買，就能獲得所有想要的東西！

我可以花一整本書的篇幅，說明過去二十年來，這點對我來說代表什麼，但現在我要告訴你在了解那個概念的當下，我做了什麼。

當時我在販售抵押貸款的教育產品，銷售成績不錯。我那時的主要競爭對手是房貸計算軟體，因此我找到了市面上販售的一款房貸計算軟體，買下使用權並作為我方案當中的**免費紅利**。我告訴大家，不用向別人購買計算軟體了，因為我會免費贈送一份。於是我的銷售量開始成長，之後一路攀升，再也沒下滑過。

我要警告你，**請不要為了給紅利而給紅利**，去附贈一大堆沒有用的紅利。請你必須有技巧一點，運用那些紅利來創造有意義的方案，讓大家覺得完全沒有說不的理由。

⑪保固

保固是你能夠分散風險的地方。同樣的，這部分的內容可以是一整段文字，或是一個句子。你可以只簡單說明提供「三十天無條件保固」，也可以逐項說明保固能夠為他們帶來的好處。例如：

我們不僅無條件保固三十天，此外如果這本書無法清楚教會你通過體能測驗的方法，如果無法幫助你在接下來兩週當中讓身體變得健康，如果沒辦法提出計劃，讓現在沒有準備好的你做好準備，我們不會向你收錢。我們會把費用退還給你，不會詢問任何原因，不會讓你覺得難受。

同樣的，不管你怎麼做，這就是分散所有風險的時候。

⑫喚起行動

你已經把買家應該了解的產品內容統統告訴他們，現在該是呼籲他們採取行動的時候了。這可以是一個按鈕寫著：「立刻購買！」你可以同時再多告訴他們一個應該立刻購買的理由。「今天訂購的話，我們會多打一折，做為我們的特殊行銷實驗。」

如果這是一封長篇廣告函，你可以用簡短的條列式要點形式重述他們能夠得到的東西——

- 你將能夠獲得影片光碟。
- 你將能夠獲得一對一的教練機會。
- 你將能夠立刻獲得線上訓練的機會。
- 你將能夠獲得一鍵搞定式的軟體。
- 你將能夠獲得有聲書的版本。
- 你將能夠獲得我的藍圖與範本。

你要如何操作這個部分，取決於你賣的是什麼、廣告文案的篇幅如何，以及要運用在哪裡。

⑬附註

廣告函的最後一個部分是附註，這裡是你可以重述好處以及再度喚起行動的地方。

順便一提，附註最早是怎麼出現的呢？

在大家用羽毛蘸水筆書寫或是打字機打字的年代，要是忘了提到某件很重要的事，沒有人會想要整篇重寫或是重打。這就是附註的由來——當你忘了在信中提到某件重要的事，而你不想重打整封信。

在這個地方，你可以重述主要好處，他們應該要立刻採取行動的理由，接著告訴他們立刻購買！例如：

附註：這個寶石的售價為四十九美元。這個二十九美元的體驗價是「要買要快」的特別方案，所以請你速度要快！

又及：恕我直言，如果你錯過這項產品，今天之後的一個禮拜，你會把電子書完成嗎？或許不會吧！

你可能還在想著要寫書。面對現實吧！你就是沒有寫出來，甭提賣書賺錢了。你最需要的是指導與鼓勵。現在就買下這本書，今天開始的一星期內，你就能生出一本電子書！你難道不想在一週之內就能夠靠電子書賺錢，向別人誇耀自己有被動收入嗎？

現在就採取行動！立刻添購！保證讓你滿意。請按此購買！

依序排列，帶領顧客走過購買決策流程

這個共有十三道步驟的銷售訊息公式，能夠讓你用在長達十頁的廣告函，或是只有一頁的郵件廣告當中。無論是寫在紙上、放到網頁上，或是透過影片傳送，你都必須按照順序寫出這些部分。

你只要跟著這十三道步驟的流程做，你就能夠滿足客戶的目標。你能夠藉由帶領潛在客戶走過評估是否購買的心理流程，解決所有的問題。當中的每個部分可以長達好幾頁、好幾段，或是只有幾句話、幾個字。切記，如果你想要提升銷售量，請按照順序完成所有的步驟。

重點整理

- 廣告函就像幫助你過河的踏腳石一樣，少了一個你就會跌倒，摔得一身濕。
- 這個流程適用於一頁的信函、影片，或是二十頁的信函。
- 如果你希望大家買單，就必須增加價值。

秘訣
18

如何迅速寫好電子郵件前導廣告

「好的廣告是由一個人寫給另外一個人的。如果你一次針對幾百萬人，通常很少能夠感動任何人。」——費伊爾法克斯·柯恩（Fairfax M. Cone）

什麼是電子郵件前導廣告？

電子郵件前導廣告是寄給一位或多位客戶的電子郵件。你可以把電子郵件寄給自己通訊錄裡的清單，或是鼓勵分支機構或朋友寄給他們的客戶或訂戶。**寄出這種前導廣告的目的，絕大多數是要收信者點擊郵件當中的連結，前往另一個網頁。**

撰寫良好電子郵件前導廣告的能力，能夠讓你的生意大有起色。好消息是，那比你想像中的簡單許多。只要你了解電子郵件前導廣告的目的，是要讓對方點擊郵件當中的連結，並且前往某個網站，你的生活就會變得容易許多。

大部分的人在電子郵件前導廣告當中，都會犯下一個錯誤——在信中推銷方案。不要這麼做！你的廣告函或是影片就會幫你推銷了。

電子郵件前導廣告的目的只有一個：要對方點擊前往網站的連結，讓他們能夠——

● 閱讀你的銷售訊息。

- 觀賞你的廣告影片。
- 吸收你的內容。
- 閱讀你的部落格貼文。
- 觀賞你的產品內容影片（會引導他們前往你的銷售網站）。

電子郵件前導廣告的唯一目的就是要他們點擊，讓觀賞者做好準備，觀看他們點擊之後出現的內容。在你了解那點之後，就相當容易了。

好的電郵前導廣告只有六個部分

第一個部分就是主旨。主旨在電子郵件當中的作用，就像是銷售訊息的標題一樣。基本上，如果主旨寫得太爛，沒人會點開你的電子郵件；如果沒有人開啟郵件，就沒有人會閱讀內容；如果沒有人閱讀，你就賺不到錢。就這麼簡單。

因此，請你努力寫出好的主旨。我看過最棒的主旨相當簡短扼要，通常都是寫成問句的形式。請看看我好友史都撰寫的體能測驗廣告範例：

- 擔心自己無法通過下次的體能測驗嗎？
- 上次體能測驗沒有通過嗎？
- 體能測驗時間快到了嗎？

這些主旨能夠讓對的人開啟電子郵件；坦白說，也不會讓那些根本不會買的人感到有興趣。

他們打開電子郵件前導廣告之後，請務必要讓他們感受到自己不是收到電子郵件的幾百萬人之一。那就是為何我喜歡運用能夠填入收信人姓名的軟體，這樣就可以用「嘿，克雷格；嘿，鮑伯；嘿，瑪莉。」做為信件的開頭。

如果我沒辦法那麼做，我會這樣寫：「嗨，大家好。」或是：「親愛的Funnel Hacker夥伴們。」或是用類似的方式開頭。請讓大家覺得他們是團體的一部分，並且獲得了注意。你永遠要用打招呼的方式開頭，不要一開始就 哩啪啦地直接寫內容。

接著你要用驚人的說法鎮住他們——沒錯，就是要讓大家能夠從昏昏欲睡狀態當中醒來的內容。像是這樣：

嘿，克雷格，我——

- 有支很棒的影片要給你看。
- 有件很棒的事要向你宣佈。
- 有件顛覆你想法的事。
- 有個關於（很棒主題）的免費網路研討會。

你也可以在廣告郵件開頭提問，讓他們從昏昏欲睡的狀態當中醒來。

- 你知道大部分想要寫書的人都功虧一簣嗎？
- 如果你下次的體能測驗沒通過會怎樣？
- 你知道想寫書的一百個人當中，有九十九個都失敗了嗎？

在你抓住了他們的注意力之後，請用三到四個條列式要點來引發他們的好奇心，接著再請他們點擊連結。例如：

主旨：想要成為出書的作者嗎？

嘿，克雷格，

你知道想寫書的一百個人當中，有九十九個都失敗了嗎？

沒錯，這樣真的很糟。他們失敗的主要理由是：

- 他們不知道如何寫出能夠大賣的內容。
- 他們不清楚書的格式編排。
- 他們不知道要如何出版。

好消息是，我有個很棒的新影片，就是在教你如何解決以上這些問題，**又快又容易！**

點擊此處（附上超連結）以了解內容。

影片當中見。謝啦。

吉姆致上

就這樣而已。

切記：九十九%電子郵件前導廣告的唯一目的，都只是要收件者點擊信中的連結。

在我寄給自己潛在客戶清單的電子郵件前導廣告當中，最成功的一封的內容只有短短幾行。

主旨：這讓我印象非常深刻

嘿，克雷格，

這真的是完全出乎我意料之外。有人做了一個超級精彩的評論！

你一定要看看（附上超連結）。

回頭見。

吉姆致上

整封電子郵件的內容就這樣，信中的連結會引導讀者去看一篇別人針對我產品的評論。僅僅如此，大家便因此充滿了好奇。你必須要特別留意，你顯然不會對不認識你的人寫這種信件（上述郵件是寄給我自己的潛在客戶清單），才不會有誤導之嫌。

好的電子郵件前導廣告應該包含下列部分：

- 好的主旨。
- 招呼語。

●驚人的說法。

●兩個、三個、四個條列式要點，或是二到四句話來引發大家的好奇心。

●明確地喚起行動，說明要大家怎麼做。

●用個人化的方式結束信件，例如：「嘿，回頭見。謝啦，吉姆致上。」

就這樣。你可以用各種不同的方式進行嗎？當然可以。

我剛剛替你列出來的方式是捷徑嗎？當然是，如果你寫得言簡意賅，也會讓你的生活好過些。如果你還是想冒險犯難，那麼請寫封短信，不要寫長的。

切記，你是要鼓吹他們將看到的東西會帶來什麼好處，而不是你賣的東西有多厲害。就像電子郵件前導廣告應該簡短一樣，你只要記得以下這些便捷的小祕密即可：

●吸引他們的注意力，讓他們開啟電子郵件。

●提到他們。

●使用驚人的說法。

● 提供兩個、三個或四個條列式要點來引發他們的好奇心。
● 明確地喚起他們的行動。
● 最後用「回頭見」以及自己的名字結尾。

就這樣，幾乎各種情況都適用。

你要考慮到，四十%到六十%甚至更多的讀者，很可能是在行動裝置上看到這個訊息，他們不想看一大堆文字，這點尤其重要。但如果他們能了解產品的基本概念，並引發他們的興趣或是好奇，他們就會點擊連結，看看你的廣告函、影片等等。

請讓內容簡短有趣。

這裡要說最後一件有關電子郵件的事。電子郵件是個人化的溝通方式，因為信函會進入他們的收件匣當中，讓人覺得自己好像認識你一樣。因此你運用的語言越像是在跟朋友說話，簡短而親近，獲得的效果也越好。

切記：朋友不會用電子郵件傳送十頁的廣告函給朋友！

重點整理

- 你發出的一百封電子郵件，有九十九封的唯一目的就只是要讓對的人點擊。
- 請讓內容簡短扼要，把重點放在讓他們點擊上。
- 抓住他們的注意力，激發他們的好奇心，吸引他們點擊。
- 雖然你很可能是發出電子郵件給一百萬人，但切記，每次都是一個人獨自閱讀的。
- 要寫得像是給朋友或同事的電子郵件。

秘訣

19

初稿是你最難寫的草稿

「每個專業藝術家知道而業餘藝術家不知道的一個祕密，就是原創性被高估了。世界上最具有創造力的人們並非特別有創造力，他們只是精通重新排列之道。」

——傑夫．戈斯（Jeff Goins）

當然啦，最難寫的草稿就是初稿。你永遠找不到最適合撰寫文案的時間，你總是寧可去做其他事。往往在你決定坐下來寫文案之時，你都得告訴自己，你再十分鐘就需要這份文案了。於是你坐在電腦前面，打開電腦、開啟文書軟體，接著盯住著閃爍的游標看——閃啊閃啊閃啊閃。

你心裡想著：「我到底要怎樣讓這個空白的螢幕，變成銷售訊息、標題、廣告函，或是廣告影片的腳本？我到底該怎麼做？」

答案是，就是要用區塊的方式思考與書寫。請回去參考秘訣十七，廣告函只不過是一些片段的組合。請不要想著：「嘿，我得寫一封廣告函。」而是要想著，你需要哪些區塊才能組成你需要的東西。

在廣告函當中，你首先要有標題。在簡介之後，寫一些條列式要點，並運用「定義↓煽動↓解決」的公式。然後，請描述你的產品，再寫出條列式要點來說明產品的好處。也稍微向大家自我介紹一下。現在，請你提出證據，證明你告訴他們的內容是行得通的。除了好處之外，你還能夠給他們什麼額外的紅利？接著，請你說明增加的價值，提及價格，再給予優惠。此時清楚地呼籲他們行動，這時你應該把你提供的優惠方案做總結，並結束這封廣告函。別忘了在附註的部分簡短重述一切，然後引導他們前往採取行動的部分。

沒錯，其中由許多個部分組成，但如果你把這封信想成許多個部分，而非一個完整巨大的東西，那就容易處理多了。

電子郵件也可以分為幾個區塊。當中包含了主旨、招呼語，「定義↓煽動↓解決」的公式；在點擊郵件當中的連結之後，還有實際上的解決方案。

廣告影片同樣也只不過是一些區塊。起先是吸引人的開頭，接著是「定義↓煽動↓解決」的公式、解決方案、有關解決方案的五個條列式要點、三個現在就採取行動的理由，並且呼籲大家採取行動。

善用廣告資料庫來激發創意

最困難的草稿是初稿，那就是為何你需要使用廣告資料庫來激發腦中的想法及創意。你的廣告資料庫能提供有效的範例給你，不要光盯著白紙，請看看要如何改寫自己之前寫過的廣告函，或是調整別人寫過的廣告函、標題、條列式要點與喚起行動的內容。

請善用你的廣告資料庫來激發自己的想法。撰寫初稿相當不容易，這也是我們成立了Funnel Scripts的原因。利用Funnel Scripts，你需要做的事就只有填寫線上的表單、點擊一個按鈕，接著複製與貼上即可；讓你不需要盯著空白頁面的「閃爍游標」；讓撰寫文案就像回答問題一樣簡單。只要你寫了一些東西在頁面上之後，無論要編輯或是改寫都比從頭開始簡單一百倍。

你在紙上或是螢幕上看到這些之後，你的內心就會把一切組合起來，說：「我應該說這個，我不該說那個。我們來把這個移到這裡與那裡。噢，我們需要加入保固。噢，我們應該在這裡放張照片。啊，我們應該把這個放在這裡，那個放在那裡。」

切記，所有的廣告文案工作都是多塊積木或是區塊的組合。廣告函是標題帶領的套裝物件，當中包含了你的行銷故事、一些條列式要點、保證，以及喚起行動的部分。當中還包含了其他小部分嗎？當然有，但如果你去思考這些主要的積木，就能夠降低你在撰寫一整封廣告函的焦慮。

你在撰寫廣告函的首要之務，就是要迅速寫好初稿或是第一版，那是成功的關鍵。

重點整理

- 盡快完成初稿。
- 利用你的廣告資料庫協助自己完成，不要從零開始。
- 在你寫了初稿之後，要編輯就會比從頭開始寫簡單一百倍。

秘訣 20

讓他們更渴望

「請你決定想要對讀者產生什麼影響。」

——羅伯特．克里爾

你或許聽過這個說法：「你可以把馬帶到水邊，但沒辦法逼馬喝水。」這話說的一點都沒錯。你可以把吉娃娃帶到戶外去上廁所，但你無法逼牠小便；你可以帶某個人去某個地點，要他做你希望他做的事，卻無法逼他這麼做。然而，你可以讓那個人更「渴望」獲得你販售的東西。

所以問題就變成了：「我如何能創造出一篇文案，既能勾起讀者想要購賣的意願，又不至於透露太多會導致他們感覺不需要購買的事？」對販售數位商品或是服務的人來說，這點相當重要；事實上，這對想要販售任何商品的人來說都很重要。你要做的事，就是要對方準備好買你的東西，但你也必須讓他們覺得更加「渴望」，他們才會更快買你的東西。

或許這是你從來沒聽過的差異。

你很可能聽過「故事行銷」這件事。不過我發現，故事是讓人感到「渴望」，廣告文案則告訴他們可以到哪裡去買飲料。現在我要你花幾秒鐘的時間思考這件事。

故事讓人感到「渴望」，接著你的廣告文案會告訴他們可以去哪買飲料。

四種勾起渴望的故事類型

無論是你的部落格和社群媒體的發布內容，以及你在廣告函、影片當中所說的行銷故事，其實並沒有任何差別，唯一的差別只在於你的目的。

第一，這個故事可以是你生活、工作當中的真實故事、其他人的故事，或是能夠說明你的論點的故事。

第二，故事可以是案例分析，用來闡述某個人如何成功的故事。當中包含了開頭、中間、結尾三個部分。例如：我當初在那裡，覺得不開心，因此利用產品做了這件事，最後獲得這樣的成果。那是一部三幕劇，就像是主角的旅程。我在那裡，我發生了問題，這個東西解決了問題，現在我的生活就是如此。

第三，範例也可以是故事，可以用來告訴大家某樣東西為何能夠發揮作用，如何運用某種東西，某種東西用起來會是怎樣，接著說明能夠獲得的成果。

第四，你可以運用我所謂的「**三M內容法**」，這個絕招可能從此改變你的一生。大家總是在尋找各種方法來敘述寶貴的內容，儘管那些內容無法完全解決問題，卻能替你販售的東西創造了需求，讓對方需要你販售的東西，並且增加購買的急迫性。

第一個M代表了**消除迷思**（myth）。大家相信了各種迷思，你可以據此創造大量內容，例如部落格貼文、文章、影片以及線上座談。事實上，有許多書都圍繞著大家相信哪些迷思，以及如何打破這些迷思。

第二個M代表了**誤導的觀念**（misconception）。迷思基本上是大家相信卻非事實的事，誤導的觀念卻包含了有關某件事的不正確觀念。你可以釐清錯誤觀念（包含誤認為正確的內容），用正確的看法取代，同時釐清大家的理解。

第三個M代表了**錯誤**（mistakes）。錯誤是你指出其他人可能會犯的錯誤。錯誤是三者當中最有力量的，因為沒有人想要犯錯。我們從小時候開始，就深信如果犯錯，報告會拿低分、考試會被扣分，或是覺得自己很蠢。沒有任何成年人希望自己看起來很蠢，因此他們會盡一切努力來避免犯錯。

你可以圍繞著迷思、誤導的觀念、錯誤來創造故事，不需要提供產品作為部分解決方案。然而，當你透過「三M內容法」來創造故事時，大家會覺得你一直在透露不為人知的祕密資訊。

此外，我再好康大放送一下（畢竟我剛剛說過你可以說的故事有四種）。實際上還有第五種能讓人覺得更渴望的故事，就是所謂的「未來模擬」。這類故事說明了他們採取特定行動之後，就能夠擁有什麼樣的生活；你向他們說明自己的產品、服務、軟體等等，將會幫助他們達成那些目標。你透過說明他們做到這點之後，將會過什麼樣生活的故事，幫他們描繪未來的藍圖。

以下舉個例子說明：

我要你想像一下，擁有一本獨一無二的書，上面印的作者是自己的名字，那是怎麼一回事。你拿起那本書，展示給大家看。他們翻閱書的內頁，看見你的名字印在書的封面，是書的作者。書的封面設計水準堪比紐約時報的暢銷書。現在，請你想像一下，自己把書拿給想請你提供服務的人會是什麼樣子。在面試工作的時候，你除了履歷表之外，還附上一本書；別人在展場遞名片，你則是遞簽名書。想想你有自己的書可以分送給別人，會是什麼樣的光景。這能讓你的可信度提升多少？你的生意又會是如何？你會覺得自己怎樣？顯然，擁有自己的書，對你與你的事業來說，都是相當重要且十分寶貴的。

我剛剛做了什麼事？我剛剛說了一個故事，可以用在臉書、部落格的貼文，甚至用在直播影片上。故事當中有畫面、情感以及各種元素。但實際上我還沒有教你寫書。我除了讓可能還沒寫過書的你「渴望」創造自己的書，或是寫下一本書之外，什麼都沒做。

請你思考授課與銷售之間的差別。授課包含了故事與內容，銷售則包含廣告文案。你可以用其中一種來架構另一種，也可以同時使用。你可以在廣告函當中運用故事，讓大家覺得「渴望」；你也能在部落格的貼文、影片、網路研討會當中運用。然而，你必須了解一點——故事和內容是讓人感覺「渴望」，銷售則是告訴他們可以去哪裡買飲料。

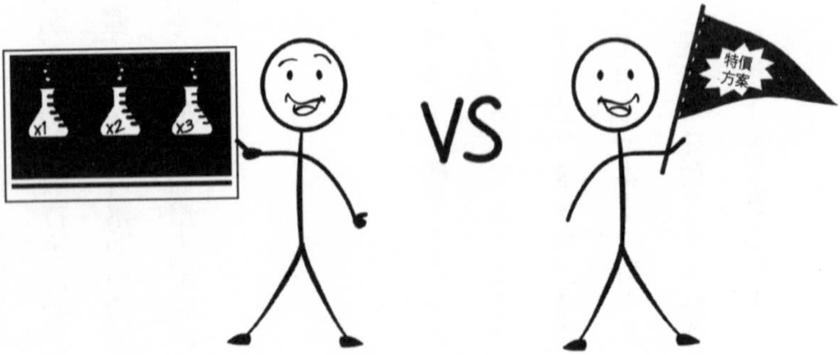

四種創造（免費或付費）內容時可運用的銷售方式

①免費給予某樣有價值的東西

第一種方式，就是**免費給予某樣有價值的東西，自然就會讓人購買額外的東西**。幾年前我聽過一個銷售的故事，某個人在報紙上登廣告，廣告內容寫著：「免費的船送到好人家。」我很懷疑這個故事的真實性，但或許那是真的。星期六早上八點，立刻有人現身，那個人將船給他看，並且向他保證，「沒錯，這是真的。你只需要自己把它拖回去就行。」買主說：「好的，我要了。」接著賣家說：「還有一件事要跟你說。如果你有興趣，我這裡有一台可以容納船的拖車；我還有舷外馬達，如果你想要，我也可以賣你。」哇，請你想想這個故事。買主的確拿到了免費的船，但是要用這艘船就需要拖車去運，並且要有馬達才能駕船。

你可以免費送出一些東西，你的顧客會非常喜歡。但你不是憑空白送，而是藉此創造你所販售產品的需求。

讓我再跟你說個例子。頂尖的業務講師約翰・柴爾德斯（John Chilers）告訴大家他是演說教練，他教授的課程是世界上最貴的演說訓練課，當時我參加的費用是兩萬五千美元。約翰用這種方式販售課程：你一開始先付五千美元，參加他的培訓，接著你每次演講都要拆一半的酬金給他，直到付滿兩萬美元。這就是他的學費方案。

約翰是出色的訓練講師。在約翰開始進行訓練之後，我才明白會有這個方案背後的原則——整個演說訓練的內容，都是在教你如何透過演說賺錢。他舉辦過免費的訓練，教大家如何透過演說技巧販售庫存的高單價產品。他教你如何組織自己的課程。他清楚地講解你需要哪種麥克風、如何架設麥克風，以及怎麼使用。他說明需要何種軟體來記錄你的產品，也告訴你售出庫存品可以賺多少錢。關於怎樣在舞台上販售你創造的產品來賺錢，他講得非常詳細。

他詳述了實際的內容，然而要利用他教授的方式來銷售你未來創造的產品時，你必須接受他的講師訓練，來學會如何發表能夠販售產品的演說。他教會你一件很棒的事，讓你「渴望」購買所需要的下一個步驟，這樣你才能夠真正將之付諸行動。

如果你想要成為騎士或是牛仔的話呢？非常好！讓我免費教你騎術，提供免費的馬鞍與馬轡。現在，我要賣你一匹馬。

基本上，你所教某人的某事或提供給某人的東西，會替你販售的東西自動創造需求。但你提供的東西既寶貴又優質，因此大家不會認為「這只是他們要賣東西給我的噱頭」，而是會認為：「天啊，這真的很棒，我想照著做。接下來最合理的做法，就是買他們販售的東西，我就可以好好利用剛拿到的東西。」

②告訴他們該怎麼做、為什麼該做

第二個方式，就是**告訴他們該怎麼做，以及為什麼應該這麼做，接著賣給他們要做到時所需要的方法／東西**。舉例來說，講到如何寫書，我舉辦了一場網路研討會訓練，詳細說明了寫書的步驟：

- 步驟一：定義你的目標客群。
- 步驟二：了解你「創造」書中內容的速度比寫書快。
- 步驟三：你可以透過電話訪談創造內容。
- 步驟四：你可以透過Fiverr找設計師設計封面。連結在此。
- 步驟五：你把電話訪談的內容做成逐字稿。

- 步驟六：你稍微進行編輯一下。
- 步驟七：你可以委任Fiverr上的人替你進行書籍排版。
- 步驟八：你可以在CreateSpace出版實體書，或是亞馬遜的Kindle出版電子書。

那些就你實際上寫書時該進行的步驟。

現在，你該提到為何想要寫書，以及寫書能帶來哪些好處。

- 寫書能夠讓你擁有資歷、擁有作者的身分。
- 你在商展上和別人面談時，可以用書作為自己的名片。
- 你可以把書當作是自我變現的機會。
- 你可以用書作為漏斗的前端。
- 你可以透過書獲得更多的顧問客戶，獲得更多演講的客戶，獲得更多的一切。

現在，你已經了解寫書的步驟，你可以親自試試看，或是運用軟體來進行這些步驟，幫你節省時間。這個軟體的名稱叫做「三小時完成電子書魔法師」。

我做了什麼事？我告訴你迅速寫好一本書的所有步驟。我可以在線上研討會當中花四十五分鐘教授那些步驟，這件事我已經做過好幾十次。而在訓練結束的時候，你就會想買能夠幫你完成每個步驟的軟體。

③教他們所有的步驟

第三種方式，就是**教他們完成某件事的所有步驟，藉此引導他們前往你希望他們購買的商品**。例如教他們如何替書籍、軟體、服務、教練建立銷售漏斗，你的內容包含所需的詳細工具、頁面、架構，附帶免費使用軟體兩週。客戶唯一要做的事，就是撰寫頁面當中的文案。接著你會販售名為Funnel Scripts的軟體給他們，當中提供了能夠用來撰寫廣告文案的範本，無論客戶要販售什麼都可以運用。

或者，假設你販售的是減重的營養補充品，嚐起來像美味蛋糕。你可以告訴大家如何運用這種減重補充品的美味食譜，來製作好吃又低熱量的點心、冰沙、餅乾等等。你甚至可以針對利基客群在社群網站上張貼示範的影片。他們看著你用這些食譜做點心，當下就感覺又渴又餓，於是會購買你販售的補充品。

④提供「土法煉鋼」的作法

第四種用內容讓他們感到「渴望」的方式，**就是提供讓他們土法煉鋼或是很辛苦才能辦到某件事的方式，接著販售能夠一鍵完成或好用的工具給他們。**

這一招靈光到像是在作弊，有如你教人怎麼用鏟子和梯子掘井，教會他要挖到地下水位所需的每個步驟，到最後，你說：「恭喜，你已經學會掘井了。如果你不介意，我想再花五分鐘的時間，向你介紹一下鏟斗機。這種機器一次可以挖掘三立方碼的土；你徒手挖可能要挖個一、兩週，並且冒著被坍方活埋的危險。我可以示範如何用這種機器，在兩個小時內鑿出一口井。你有興趣嗎？」

我再舉一個例子：利用HTML或是CCS來架設網站。你可以教大家如何用手動編碼的方式來完成整個網頁，詳細說明如何用免費的HTML編輯器製作標題標籤、段落標籤、分行、底線、粗體、斜體……等等。接著你可以問他們，是否想要讓ClickFunnels幫他們做所有的事？「順便一提，你可以將自動回覆系統、付款處理器、推銷高價商品程式……等等你需要的所有服務，全部自動整合。此外，在你用文字編輯器當中手動為一個頁面編碼所花費的時間裡，你已經能用ClickFunnels創造一整個漏斗，導流量、看看銷售量如何。」

這些方法的基礎，就是你如果用正確的方式架構，就能夠提供大量的內容，並且讓大家更渴望你販售給他們的東西。

重點整理

- 你用來進行內容行銷的故事，跟你實際上用來製作廣告函與廣告影片的內容，並沒有任何差異。
- 如果你架構的方式正確，那麼你能夠提供消費者大量的內容，卻不至於洩漏會阻礙他們向你購買的事情。
- 切記：故事是讓大家「渴望」，廣告文案則是告訴他們去哪裡、如何買飲料。

秘訣21

愛我或恨我；不上不下賺不到錢

「每種產品都有獨特的個性，你的工作就是發掘它。」

——喬．修格曼（Joe Sugarman）

這個秘訣相當有趣，因為這是你刻意創造角色或人格特質之處。相較於向不知名的公司購物，大家更容易向某個人物或角色購買。難怪無論是為何名不見經傳的公司或知名公司，往往都會有代言人。為什麼？因為你很難跟某家公司或是某個商標建立關係，但是你可以與某個人擁有可覺察的關係，或至少對那個人有某種特定的感受。

例如麥當勞叔叔；或是名主持人托馬斯・博德特（Tom Bodett）的廣告金句「六號汽車旅館會替你留盞燈」；或是溫蒂漢堡的小女孩說：「牛肉在哪裡？」都是同樣的道理——大家更容易向某個人物或角色買東西。

建立這種角色最快的方法，就是公開表明一個立場或是意見，並且鞏固這個立場。這就是「愛我或恨我，不上不下賺不到錢」這種說法的由來。天曉得這句話最初是誰說的，但處在中間的人就是賺不到錢，他們忙著安撫所有的人，因此沒有替任一群人做出特別有價值的事。

如果你觀察一下美國的政治，就會發現兩大黨

的體系延續了好幾百年。儘管政黨名稱數度更迭，政黨立場改變了好幾次，但始終維持著「我們對抗他們」的心態。人們的思維方式就是那樣。

這並沒有對錯，事實上就是如此：你不是跟他們一國，就是跟我們一國。此處的目標就是要把大家拉近你（愛我）。如果你逼迫大家對你表態，有些人無論如何就是會恨你；他們痛恨你的語調、嫌棄你西裝的剪裁、挑剔你太胖／身材太好／太高／太矮、不喜歡你的鬍子。但無論理由為何，**恨你的人仍然會注意你，並且向你買東西**——這是最奇怪不過的事了。

明確表態，維持立場

我知道有人恨我入骨，卻不斷向我買東西。他們不認識我，卻很討厭我，但仍然會向我買東西。他們喜歡恨我，他們買我的東西是為了把東西拆了會覺得比較好受。而他們的作為跟那些因為愛我而向我買東西的人一樣。愛我的人買了我的東西、付費接受我的服務、花錢和我共乘郵輪，並參加我的每月教練課，因為他們愛我，想要更接近我。

你可以做到同樣的事。但如果想看到成果，就必須逼迫大家表態——你要在內容以及廣告文案中做這件事。你會表明立場，持續傳達同樣的訊息、方法、意見，以及你喜歡誰、不喜歡誰。雖然不會指名道姓地對別人嗆聲，你卻可以說明行為；你可以討論作法，也可以提到方法。

你必須表明立場。「這是對的；那是錯的。這是好的；那是不好的。這樣有效；那樣無效。」大家要找的是能夠替他們開路的領袖。他們希望有人告知：「小約翰，這會讓你的手燙傷，不要把你的手放在爐子上。」或是：「嘿，莎莉，這隻小兔子軟軟的、毛茸茸的，如果妳摸摸牠，妳會覺得很舒服。」

他們想要找到一個人，那人能說出符合他們認知的真相，能告訴他們正確的故事，能引導他們，而且言行前後一致。那就是為何顧客會對那種不斷推出「本週最新、最棒好物」的人很不爽，而那類行銷人員或賣家也常會花費太多時間來增補顧客清單，因為他們總是有更棒的新產品要推銷。**你必須要始終如一**。

不怕因時制宜，但要清楚解釋

然而，你也不要擔心改變方向。如果世界變了、環境變了、某樣東西導致你重新評估意見，那你必須告訴大家：「嘿，對這件事我已經改變了看法，也改變了我的作法。」但請你不要搖擺不定，不要隨波逐流——你必須堅定自己的立場。

請你很快看一下範例：我們多年以來都進行文章行銷，這是導流到我們官網的主要方式。每星期我都會寫一篇文章，並且使用「繳交你的文章」（Submit Your Article）服務來提升文章的能見度；這項服務會把我的文章張貼到網路上不同的公告網站，每星期都能引導幾千名訪客來我的網站瀏覽。當時，我只會教大家用這種方法來衝流量。

有一天，這方式突然之間失效了。Google改變了搜尋引擎的演算法，不再計算這些文章的數量，因為許多人會發送低價值或零價值的垃圾文章。一夜之間，那些經由Google前來的流量就消失了。我並沒有粉飾太平，欺騙大家：「有一天流量會恢復。」我坦白說：「你知道嗎？這個流程不再有效了，我們必須想出其他方法。」

你不能害怕改變方向。

二○○三年二月時，我在佛羅里達州坦帕市的大師會議當中，從麥特．弗瑞（Matt Furey）口中聽到「愛我或恨我；不上不下賺不到錢」這種說法。麥特對大家說話時，他看著我說：「我剛買了你的書，你實在賣得太便宜了。」我吃驚得雙眼圓睜，因為這傢伙可有名了。

我心想：「他迫使你對他做評斷。」

接著他說：「另一件讓我事業大有起色的事，就是運用了這個哲學──『愛我或恨我；不上不下賺不到錢』。」

這點讓我大為震驚──我永遠忘不了第一次聽到這句話的時刻。它對我的事業造成了戲劇性的影響，因為這個哲學讓我有勇氣面對那些說假話的人，讓我有勇氣改變方向、分享自己的看法。也因為這個哲學，讓我知道如果我總是想要取悅大家，就永遠無法得到好的結果。

說到撰寫文案與內容，請永遠記得「愛我或恨我；不上不下賺不到錢」。要擁有堅定的看法，並且堅持它。如果這個世界讓你發現自己需要有所改變，請不要害怕改變。請在那些注意你的人面前維持前後一致。

重點整理

- 愛我或恨我；不上不下賺不到錢。
- 對某件事情公開表態！
- 你的訊息、意見、立場必須一致。
- 如果情勢使然，不要害怕改變方向，並且要向大家說明原因。

秘訣
22

「噢，該死，我必須擁有那個！」

「我長久以來始終相信，提供方案給處於生活中情感轉捩點的人，就能賺到錢。」

——蓋瑞．海爾伯特

要讓產品狂銷的最大關鍵，在於產品給予的有益承諾。無論你寫出哪種廣告文案，最重要的構成要素幾乎都是標題。而有關任何產品或服務的承諾，往往包含在標題當中，這就是讓產品能夠狂銷的主要關鍵。

無論是哪種廣告文案，同樣有著寫出有益承諾的公式，它分成四個部分，分別是：（一）障礙；（二）獎賞；（三）時間；（四）擺脫責任機制。我們分別來看看這些部分。

第一部分：障礙

首先，你必須先提到大家如果想要做什麼以得到希望的結果時，會擔心什麼事，或者面臨什麼樣的問題。有人看著你的產品時，你對他說：「嘿，這會幫助你得到你想要的結果。」而他們會想：「好的，不過我該怎麼做，才能**得到那樣的結果**？」你的任務就是了解他們想要的東西，要將之視為困難的任務，也就是一種障礙。「結果」是他們跨越障礙後才會看到的東西，也僅在跨越後才能得到。要了解他們的障礙是什麼，請仔細注意他們使用的動詞。絕大多數時候，障礙都是他們必須採取的某種行動。

無論你的目標客群使用什麼動詞，都相當重要，你必須要留意箇中差異。例如：「如何駕馭高爾夫球」和「如何打高爾夫球」和「如何擊出高爾夫球」。又例如：「如何遇到美麗的女人」和「如何和美麗的女人約會」和「如何找到美麗的女人」。你看見這些句子當中的障礙，也就是那些動詞了嗎？採取行動以獲得結果的能力，就是他們受限之處。

這個行動會在內心創造影像。大家最擅長把動作化為影像，因為當中包含了動作，而你大腦百分之八十的注意力都用在處理你所看到的東西。其次，你通常會透過視覺感官處理動作，包含了內心想像的動作以及外在看到的動作。這就是為何你眼角餘光瞄到有東西在動時，頭就會跟著轉過去；本能讓你這麼做。

因此，我們想要創造內心的影像，讓大家無論在實際上或象徵性地轉頭朝向內心。於是，當提到「如何做到或是完成某件事」，那件事他們想要有人為他們達成，所以要這麼講——如何**得到**、如何**擁有**、如何**取得**、如何**撰寫**、如何**出版**、如何**創造**、如何**使用**、如何**進入**。他們想要做什麼？他們期盼採取什麼動作、使用什麼動詞？「如何減少二十磅。如何粉刷你的房子。如何訓練你的狗。如何教孩子掀起馬桶蓋」。這些動作就是障礙。

第二部分：獎賞

獎賞就是那個人想要的東西，也就是你採取前一個步驟的行動之後，想要得到的結果。例如：

- 你希望電子書能夠大賣，拿到豐厚的稿費支票。
- 你希望擁有充滿激情的關係。
- 你希望背痛的問題消失。
- 你希望自己打高爾夫球時能像職業好手一樣好。

同樣的，也請你注意利基客群在想要獲得的結果當中，會使用哪些關鍵字。舉幾個例子來說：

- 如何像老虎．伍茲一樣駕馭高爾夫球。
- 如何像阿諾．龐馬（Arnold Palmer）一樣打高爾夫球。
- 如何像職業好手一樣擊出高爾夫球。

某些客群可能知道阿諾．龐馬是誰，但他們對老虎．伍茲或是山姆．斯尼德（Sam

Snead）可能更熟悉。在你開始動手、想運用公式來撰寫產品的有益承諾時，你必須先了解客群會運用哪些字詞來描述獎賞。

第三部分：時間

請你回答這個問題：**我在什麼時候能夠得到我想要的東西**？基本上，許多人都像個好奇的五歲小孩，想知道聖誕老人什麼時候會出現，把我們想要的禮物送來。即使你是個成年人，你內心的孩子仍在大聲喊著：「我什麼時候能夠得到？什麼時候會出現？我得等多久？我現在就想要！」

公式當中的時間部分，就是提供一個時間框架，讓他們可以獲得「**我在什麼時候能夠**

得到我想要的東西」的答案。會是一個小時、一個下午、一天、一個週末、一週？到底要多久？

呈現時間的方式有兩種。第一種是，你說明他們自己行動以得到獎賞所需的時間。關鍵在於那個時間令人難以置信，卻是有可能的。若他們不去做，只能責怪自己。例如：

● 時間：「在一星期之內寫本一百頁的書。」在七天之內寫出一本一百頁的電子書，是非常有可能的事。如果你坐下來不停地寫，兩、三天之內就能完稿。而如果你不去做，你就知道敗筆在於自己沒動手去做。

● 時間：「在九十分鐘之內寫出一本真正的Kindle電子書。」一旦你知道做法，只要運用適當的技術與策略，絕對有可能在九十分鐘之內寫出一本小巧的Kindle電子書。

第二種呈現時間的方式，是你要花多少時間來教他們獲得獎賞。例如：

（一）如何在兩堂三十分鐘的課程當中，改善你的高爾夫揮竿技巧。

（二）如何在一小時之內改善你的英文。

（三）給我十七分鐘，我就能告訴你如何和房間裡最美麗的女人交談。

提到的時間可以是他們做到所需的時間，或是你教導他們需要花費的時間。

第四部分：擺脫責任機制

「擺脫責任機制」能夠讓他們脫離原本應負擔的責任，告訴他們還沒擁有想要的東西「不是他們的錯」。大家對於阻礙他們的東西，例如絆腳石、障礙、痛苦的行動、還不知道下一步該如何，或是察覺讓他們無法前進的障礙，都會豎立起內心的圍籬。無論是實際或想像中的圍籬，對他們來說都是真正的阻礙，例如很可能會費時過久、所費不貲、過於困難、不知該怎麼做。如果他們無法擺脫這些使其裹足不前的藉口，你就玩完了。

這些藉口源於過去的努力、痛苦或是失敗，也很可能是他們的錯誤才無法得到想要的結果，但你不能跟他們說「那是他們的錯」，否則他們會惱羞成怒，對你出現很強的戒心。切記，你絕對不能說那是他們的錯。我再重複一次。**你千千萬萬不能對他們說沒有得到他們想要的結果是他們的錯。**

沒錯，我知道許多人無法減重成功是因為，他們沒有意識到在吃第三個起士漢堡之前就該離開餐桌。我不會直接對他們說，而會告訴他們：「那不是你的錯，因為沒有人對你說過碳水化合物、蛋白質、蔬菜之間交互作用的真相。如果你願意改變飲食策略，就會開始減輕體重。」只要是寫廣告文案，**一切都不會是他們的錯，絕對不是**。請你將這件事銘記在心。

公式的最後一個部分，會強迫你提出更好的方案。你想要賣出東西，就必須先排除阻礙那個人的東西；在你排除障礙之後，你所提供的方案將會好到令人難以置信，因為這個公式迫使你進行創意思考。

我們很快來看結合上述各項元素的例子：「如何在短短七天之內出版讓你賺大錢的電子書。」這句話當中包含了前三個部分，卻沒有擺脫責任的機制。讀者會說：「噢，那樣很棒。但我不是作家，所以不適用在我身上。」

因此我們要再加上一點東西：「即使你不會寫、不會打字、高中英文課被當，全都沒關係。」這就是你的擺脫責任機制。請注意當中運用的轉折詞──「即使」或是「即使你不會」──藉此幫助他們擺脫責任。或者，你也可以加上「不用……」的短句，把句子改成：「如何連一個字都不用自己輸入，就能夠在短短七天之內出版讓你賺大錢的電子書。」

於是，無論他們預期會遇到什麼痛苦、需要什麼努力、必須採取什麼困難的行動，你都能幫他們排除。因此他們會說：「噢，真該死。你的意思是我不用坐在這裡打字嗎？你的意思是我不用坐在那裡寫嗎？你的意思是我不用打鍵盤打得要死要活的嗎？酷，你引起我的注意了！」

四種強化公式的承諾

你可以加入某些超級吸睛的承諾，讓這個公式更加有力。

第一個是金錢方面的承諾，但使用這點時請務必謹慎。「每天多賺高達一百美元」；「如何利用……或藉由做……而賺到一千元」。

你也可以原諒對方過去犯下的錯誤。「即使你之前試過卻失敗了」；「如何在短短七天之內出版讓你賺大錢的電子書，即使你之前曾經試過卻失敗得很慘也一樣」；「即使你討厭寫作，而且只會用兩根手指打字也一樣」。

第三個則是加上時間軸或是特定時間。「在不到六十分鐘的時間」；「在不到七天的時間」；「在不到一週的時間」；「在不到一小時的時間」。

第四個則是有關費用的修辭。「只要不到五十美元」；「只要不到一杯星巴克咖啡的錢」；「每個月只要花不到一個中的總匯比薩的錢」。使用這類的吸睛承諾，客群就會想：「哇，真驚人。每個月只要花不到一個總匯中比薩的錢，我就能擁有這個？當然好啊。」

適用各種利基客群的範例

那麼，這種公式適用於哪種利基客群？只要是有問題需要解決，或是擁有強烈慾望的客群都可以。你不必按照順序使用這些元素，但請把這些放入你的書名、標題、承諾當中。最重要的是，你必須了解他們想要什麼，或是他們的主要問題是什麼。

我們來看幾個例子吧。

案例：約會網站

- 如何利用match.com等線上約會網站，在三十天內找到終生的至愛而且不會浪費時間在不適合的人身上。
- 如何利用match.com等約會網站，在三十天內找到終生的至愛，加入的費用比一個總匯比薩還低。
- 如何利用match.com等線上約會網站，在三十天內找到終生的至愛，即使你之前曾有線上約會失敗的經驗也一樣。

案例：不動產投資

- 你如何能夠在七十二小時內，利用eBay不動產網站來達成第一筆獲利的交易，無論你住在世界的哪個角落都一樣。只要你能上網，並且想要賺錢就行。
- 你如何能夠在七十二小時內，利用eBay不動產網站來達成第一筆獲利的交易，即使你這輩子未曾買過房子也一樣。
- 你如何能夠在七十二小時內，利用eBay不動產網站來達成第一筆獲利的交易，即使你自己沒錢可以投資也一樣。

案例：婚姻諮詢

- 如何透過十五分鐘的諮詢，讓你的配偶或是愛人再度和你聊天，並且挽回你們之間的關係，即使你過去嘗試過一切都無效也一樣。

● 如何透過十五分鐘的諮詢，讓你的配偶或是愛人再度和你聊天，並且挽回你們之間的關係，即使你過去曾經歷過失敗的婚姻也一樣。

案例：犬隻訓練

● 一週內就能讓每隻狗學會的七個精彩把戲。有趣、迅速，完全沒壓力。

最重要的是，你運用了「產品有益承諾」公式的全部四個部分，也就是障礙、獎賞、時間、擺脫責任機制，讓你能夠打動潛在客戶，契合他們最需要購買的各項要點。你創造了令人難以抗拒的方案，解決所有令他們卻步不前的因素。

重點整理

- 你在廣告文案當中所做的承諾，會直接影響購買人數的多寡。
- 你提出了不可思議的承諾（並且做到了），你的銷售量就會一飛沖天。
- 請你必須納入公式當中的所有部分，因為每個部分都各別擊中潛在客戶做決定時的不同要害。
- 絕絕對對不能讓他們覺得還沒擁有他們想要的東西是他們的錯。

秘訣
23

替豬擦口紅的美化工夫

「沒有人看廣告。大家只會看自己有興趣的東西，只不過有時正好是廣告。」

——霍華德．戈沙基

你要如何改善不好或是表現欠佳的文案？有時你就是辦不到，重寫還比較快。有時你處理了某些部分，流血流汗投注心力，結果還是很糟糕。有時最好的方式就是放棄那個文案。然而，有時候你卻可以替豬搽口紅，讓牠變成選美皇后。

你的文案無法發揮效果時，請你問自己一些問題，藉此看看是否遺漏了哪些東西，造成文案其中一個或是多個部分效果不佳。

①有寫標題且跟客群相關嗎？

● 你寫了標題嗎？要是你知道有多少人沒寫標題，肯定會覺得很驚訝。究竟為什麼會有人不寫標題？那是大家在頁面上第一眼會看的東西，也是你廣告影片當中第一句脫口而出的話。但你會很驚訝地發現，許多人連有點像標題的東西都沒有。

● 你的標題與自己有關，還是與你的客群有關？我曾經寫過一個標題，說自己從住在拖車屋停車場的遜咖，變成坐擁大把鈔票的人。我以為那是很精彩的標題，結果是爛到不行！但在我把標題改成「如何在事業以及人生當中獲得不公平的過人優勢」後，銷售成績立刻突飛猛進至五倍以上！

- 當中包含了巨大、鮮明的好處或承諾嗎？你隨時都能創造讓大家駐足的標題，最好的例子就是用上「性愛」或是「緊急狀況」這類詞彙。問題是，這樣的標題會讓錯誤的人停下腳步閱讀，他們最後都會發火，因為這些事與他們（或是性愛）無關。所以你的標題當中，是否包含了巨大的好處或承諾，足以吸引對的人停下腳步來注意你要說的事嗎？

②提供的方案清楚嗎？

- 買家了解自己能夠得到什麼嗎？是否百分之百清楚？「你能夠得到這個、這個、這個、這個、這個還有這個。」
- 他們會用什麼方式得到？是用數位傳輸的方式？是隔天就能送到？那是實體的商品嗎？是電子產品嗎？是教練課程嗎？是什麼東西？
- 他們什麼時候會收到？他們立刻就會收到嗎？他們明天會收到嗎？他們下週會收到嗎？他們會在接下來的十二個月當中，每個月都收到一次嗎？是顧客要求即可提供嗎？

●要多少錢？如果他們在你的訊息當中不能馬上看出要多少錢，就會立刻打退堂鼓——他們覺得你在刻意隱瞞。

③有明確理由讓他們現在就買嗎？

有什麼明確理由讓他們現在就買嗎？你可能提供了全世界最棒的方案，但如果沒有現在就買的急迫性，他們很可能就不會買。傳統上有三種方式讓大家立刻購買。

一、**額外的好處**：請你在很棒的方案上，再累加一些現在就買才能獲得的附加價值。

二、**截止時間**：大家通常在正式推出某樣產品時會這麼做。賣家設定截止時間，在當週的週五停止提供這個方案。問題是，隔週的星期二，客戶告訴你，換帖好友寄了電子郵件過來，問你能不能夠特別替客戶的夥伴再開放這個方案二十四小時？賣家如果心想：「只開放給特定人不公平，我得開放給所有人。你之前錯過了，或是你之前猶豫而沒買，你還有二十四小時的機會。」很遺憾，一旦你那麼做，你就是在破壞自己的原則。

三、限量：這是一把雙面刃。你提出一個可以熱銷的方案，但限量的額度售罄之後，大家就會坐看你是否守信。如果你神奇地又增加一些數量，繼續提供販售方案，大家就會懷疑你說謊。

我第一次販售自己的重要產品時（教大家如何創造自己的多媒體資訊產品），學到了有關截止時間的寶貴教訓。二〇〇三年時，我是全世界教大家產出影音內容、燒製成光碟片或是放上網的先鋒。當中最大的優勢，是透過螢幕擷取影片以及全動態的影片授課。銷售好到讓我賺到足以付清房貸的錢。

到了我保證停止銷售的那一天，我心情非常低落。太太問我：「怎麼了？」我說：「我有很棒的方案以及很棒的產品，但我不能再賣了。」為了信守承諾，我必須按照截止時間下架，之後再也不能販售那套產品。

由此我學到了寶貴的教訓。之後推出明星產品時，我不再用截止時間或是限量的方式，而是用「擔心輸給別人的心態」促使客戶立刻購買，這顯然是個更好的理由。這項產品最後業績將近五百萬元，因為我沒有蠢到設定截止的時間。你得多花點技巧才能妥善運用，但如果你能夠在文案當中融入怕輸的恐懼，你的表現就會更亮眼。

你要如何使出這一招呢？你要用的技巧稱為**未來模擬**。「嘿，如果你沒買這個東西，就會發生這樣的事：你將無法做到這個，或是擁有那個。你將沒有能力去做某件事。」如果妳累積了三個、四個、五個這樣的理由——等待會導致競爭對手領先你、等待會讓你無法脫離現有的困境——你就不需要在時間或是數量方面設下限制，也就可以銷售得更好也更長久。

④文案當中有驅動情感的內容嗎？

在文案開頭之處，是否能夠立刻抓住大家的情感？這種情感可以是恐懼、慾望、好奇、痛苦、歡愉、滿足、不滿（在你提到問題的時候）等等。

你的文案必須要注入情感。你可以透過創造他們想要擺脫或是想要創造的情形做到這點。你的文案可以是驅使他

們靠近想要的東西，或是幫助他們遠離不想要的東西——他們就會前往他們想要的，或是逃離他們討厭的。但在你的文案當中，無論如何都必須包含情感的元素。

因此你的文案若是效果不彰，你就必須看著文案說：「除了保證能夠賺錢的部分之外，還有其他能夠抓住大家情感的東西嗎？」就我的經驗，大家買單的原因，十之八九是他們對目前的環境感到不滿。

大家很可能會因為受想要的東西驅使，或至少提得起一點勁，但實際上會讓他們跨出行動的，則是他們的不滿。如果東西夠好，大家會坐在破沙發上吃零食、看電視；若是沒有痛苦到讓大家必須改變，大家不會改變。

請你切記那一點。大家會買東西，十之八九出於對現況的不滿，那樣才會讓他們立刻購買，而不會延遲購買。

⑤條列式要點寫得很糟嗎？

你的條列式要點能夠引發好奇心嗎？或是很無聊，看起來像是技術手冊？

我們在秘訣九已經講過怎麼寫條列式要點，以及讓你寫出好的條列式要點的公式。問題在於，你是在說明產品的特色，還是點出好處與價值？條列式要點是用來增加慾望與好奇心，促使大家採取行動，輸入手中信用卡卡號（線上購物尤其如此），向你購買。

⑥價格如何？

你的價格比其他人高出許多嗎？當然，這並非說你不能收取高價，只要你能說得出索價高的理由即可。反過來也成立：你的價格是不是過低，讓大家覺得便宜沒好貨？

請你思考一下。例如，假設你用九十七美元販售選擇權交易的課程，目標客群是在家工作的商機媒合商，很可能會熱銷。但如果你的目標客群是打算涉足選擇權或期貨市場的資深投資客，你就會有截然不同的定價。當他們看到你的產品價格是九十七美元時恐怕會一笑置之，認為根本不值得花時間去看——太便宜，裡面肯定沒好料。因此，你的價格有可能過高，也有可能會過低。你要如何找出適當的價格？請進行測試。

你看著價格，自問是不是價值就是如此。這看起來是很棒的方案嗎？有沒有讓你覺得：

「哇！這個方案真是太棒了，我必須在漲價或是賣家改變心意之前就先買下來。」

有個我向馬龍．山德斯學到的概念，就是用「用幾角的價格賣出幾元的東西」。於潛在客群的內心當中，你所提供的方案（包含你提供的額外好康），價值必須是你收取價格的十倍。那似乎是個神奇數字。

現在，無論是十比一、二十比一、五比一、十三比一都不是問題，總之你所提供的方案，必須讓人覺得你用幾角的價格賣出了幾美元的東西。請你這樣思考：如果有人表示：「我用一角的價格賣給你一塊錢，你要買多少都行。你想要買多少？」你的答案一定是：「越多越好。」你就是要讓別人有這種感覺。

如果你的售價是九十七美元，那麼呈現出來的價值就必須高達上千元——這就是用一角賣一元。如果你收取的費用是一千元，你就要讓別人覺得這東西有上萬元的價值。

就像我說過的，不是每次都得是十比一，但你必須讓人覺得那是很棒且貨真價實的方案。如果你的文案效果不彰，很可能是價格或是感受到的價值，沒有跟它們瞄準的客群相符。

⑦是否運用適當的圖片及色彩？

你的圖片能夠替你的訊息加分嗎？你放了圖片嗎？如果你放了，是會引發他們的情感，還是讓他們分心，或是不知為何看到你的文案就會覺得難受？

請注意你運用的色彩。這些色彩協調嗎？看起來像是迷幻派對嗎？網站太醜，讓你想要飆出國罵嗎？你最好使用頁面乾淨而保守的網站，而不是那些眼花撩亂的網站。

你確實該運用圖片，而且要妥善運用。你廣告文案當中的每個要點或概念，都應該有相對應的圖片。

⑧證據充足嗎？

大家或許會不相信你。你是否針對自己的說法提出證據？每次你提出一個說法，就必須提供足以佐證的內容——可以是使用者見證、個案研究、統計數字，或是專家的背書等等。大家隨時都可能會心想「我對那點不太確定」、「我懷疑那點」，或是有某個自作聰明的人在房間後面大喊：「沒證明沒真相！」這個時候，你就必須要有某種第三方認證，證明你做的事能夠發揮效果、是正確的。

你的證據可以是螢幕截圖、減重前後的照片，或是銀行存摺、支票、核貸聲明的照片。但請格外留意，你要有辦法證明這些都是真的才行。美國聯邦貿易委員會非常愛查核這類內容的真實性。

順便一提，如果你的產業屬於投資、減重或任何與健康及金錢有關的事物，提出任何說法時務必特別謹慎，並且加上適當的免責聲明。你運用的照片或使用者見證，必須是百分之百真實的；你不會希望當初因為自己沒有好好存檔，導致無法證明這些內容的真實性。

以上都是替豬塗口紅的辦法。雖然還不是全部的辦法，卻是個絕佳的開始。

重點整理

- 如果你的文案無法奏效，請設法美化它，也就是請你照著這份清單檢查一次，確保自己沒有遺漏任何東西。
- 第一件要測試的就是你的標題（假設你有的話），看看是否會影響轉換率。
- 請務必要說清楚自己的方案，讓別人明瞭將會獲得什麼。
- 試試「用幾角的價格賣出幾元的東西」的原則，看看能否改善你文案的效果。

秘訣

24

我該加入黑暗勢力嗎？

「文案無法創造想要擁有產品的慾望，只能夠利用數百萬人心中原有的希望、夢想、恐懼、慾望，並且聚焦在對特定產品原本就有的慾望上。這就是文案寫手的任務：不是創造這種龐大的慾望，而是挖出渠道，引導這種慾望。」

——尤金．史瓦茲

你在撰寫文案的時候，有兩種加入負面內容的方式；一種是正面的，一種是負面的。正面的方式是加入大家內心的對話。你會提到他們的問題、錯誤、恐懼、敵人（真實的敵人或是假想敵），警告可能有哪些不良反應並且給予忠告。利用負面事項進入對方腦海中，和他們同步——只有在雙方同步時，他們才會注意你說的話。

讓我們來看幾個例子。馴犬師會有什麼問題？或許問題在於如何擁有更多客戶。負面內容可以是：「你是否無法替自己的馴犬事業招睞好客戶？」、「你是否遇到了問題客戶？」你會用這類的負面句子開頭。

房地產的投資課呢？可以用什麼樣的負面句子開啟？「無法找到好的物件嗎？」、「付不出頭期款嗎？」、「你的信用記錄不良嗎？」、「不良的信用記錄讓你無法找到物件，或是沒辦法替物件申辦貸款嗎？」、「你是不是找到了物件，卻找不到錢買下？」這些都是你可以用來進入他人腦中對話的負面句子。

醫師呢？「醫療糾紛的保險把你的利潤吃掉了嗎？」哇，那確實是個該思考的問題。或許醫師有聘請員工的問題，也可能是病人滿意度的問題。「你是否有醫療保險沒有準時付款或是扣減費用的問題？」

運用行銷漏斗的人呢？「沒辦法獲得足夠的流量？」、「廣告無法有效轉換？」、「無法取得建立漏斗需要的所有機制？」

請利用這些負面的內容來與他人同步。只要能夠和他們同步，就能帶領他們前往你提供的解決方案。沒人在乎你提供什麼答案，除非別人知道你在乎他們的問題。有句格言說：「如果他們不知道你有多在乎，就不會在乎你知道多少。」你很可能會覺得這是老掉牙的說法，但時至今日仍然適用，在線上廣告文案方面更加如此。

一旦你提到了切身問題，讓他們知道你在關心，就能告訴他們解決的辦法。你可以說明自己的產品能怎麼預防錯誤，用證據消滅他們的恐懼，告知他們要如何擊敗敵人。無論是真實的敵人或是假想敵，這些敵人對他們來說再真實不過，這就是最重要的。接著你指出一條路給他們看，或是針對未來可能遇到的不良反應打預防針。

這些都是你在文案寫作、廣告內容、溝通方面可以納入的良好負面句子，就像公益服務廣播一樣。你可以這樣想：「我在幫你避免問題，協助你克服路障。我在解答讓你卻步不前的問題。」你在替你的目標客群進行公益服務，無論是透過文案寫作、影片、內容的方式都一樣。

以上都是運用負面內容的良好方式，用負面的內容來與潛在客群的現況同步。

不要指名道姓，也不必超級正面

我們來看一下負面內容的負面用法。順便一提，負負不會得正，最佳例子就是你看過的政治人物互相攻訐。那些廣告痛罵別人，沸沸揚揚弄得大家烏煙瘴氣。你很可能會認為：「我做生意的時候絕對不會那樣。」這樣很好。我卻看過有人這麼做，而且造成毀滅性的影響。

最重要的是：你絕對不能直接攻擊別人。你可以攻擊行為，如果看到某人做某件事，你可以說：「你知道嗎？我看過有人做這件事，我認為這是不對的。他們應該改為這樣做，原因如下。」

假若結果不合理，或是最終會對他們造成傷害，你也可以攻擊結果。例如，你看到整脊師教某個病人做某項運動，很可能會對病人造成傷害，你就應該要大家注意那件事。

你也可以攻擊方法。「我們擁有進步的科技與策略，能以快一百倍的速度取得成果，你為何還沿用上個世紀的老方法做事？請不要再用老方法做事，請你開始用新方法做事。」

你可以攻擊行為、攻擊結果、攻擊方法，但絕對不要指名道姓罵人或罵公司。千萬千萬不要指名道姓的罵人，你完全不值得這麼做，這樣只會造成問題，十之八九對方也會反咬你一口。

我不是說你不能提到負面的事（這聽起來好像是三重否定）。我們不是說一切都超級正面。迪士尼裡有個角色叫做波麗安娜（Pollyanna），她永遠用正面角度看待一切，無論別人怎麼說，她都有辦法從中找到光明的一面。她甜美到令人作嘔，我很想把手伸進螢幕裡掐她。在影片最後，這個女孩從三層樓高的窗戶跌下來，摔破了頭，別人把她抬去救治的時候，她還是對一切都感到正面積極。因此我們不要落入「一切都是正面的」圈套當中，那樣無法引發大家共鳴。

萬一你所處的情況是必須比較自己和他人，怎麼辦？尤其是某個人做出一件對大家不公不義的事？你可以這麼說：「現在有些競爭對手會跟你說……但那是不對的。有些真相你必須知道。」你不要提到任何人的名字。例如：「有些同業會告訴你，訓練狗的時候可以使用能抽緊的狗項圈，但實際上並非如此。有些真相是你必須知道的。」、「有些同業會叫你使用第三方的電子郵件服務來傳送電子郵件，但那樣並不好。有些事是你必須知道的。」、「有些同業會說他們的遞送率和我們一樣，但實際上並非如此。你必須看看這些真相。」

你可以用這種不明說的方式擊潰他們。你沒有提到任何名字或者挑明狀況，而是說：「你知道，這不是真的。」你也能這樣說：「你可能注意到有某些人……但我們覺得那樣是不對的。原因如下。」、「你很可能發現有些人會針對……收取額外費用，但我們覺得那樣是不對的。」、「你很可能已經注意到有些人要你支付額外一筆第三方電子郵件服務傳送費用，但我們覺得那樣是不對的。原因如下。」

你把訊息傳達出去，但你沒有正面衝突，而是說出你認為有助於客戶做出良好決定（也就是向你購買）的重要關鍵。無論你的目標客群經歷過什麼，你都可以在不發生衝突或是指名道姓攻擊別人的情況下，說出負面的情形。

切記，你可以藉由利用負面的內容與潛在客群同步，用不著加入黑暗勢力。你永遠可以攻擊行為、觀念、作法，但絕對不要指名道姓地說出對方是誰。

重點整理

- 「提到負面內容」的方式，可分為正面與負面兩種。
- 運用負面的內容，與客戶以及他們腦中出現的對話同步。
- 絕對不要指名道姓地攻擊別人或是其他公司。這樣做划不來，而且經常會擦槍走火。

秘訣
25

「偷偷」接近—不推銷而賣出的祕密

「喚起早已存在於千萬人心中的強烈慾望，
他們就會在此刻主動尋求滿足慾望的方式。」

——尤金・史瓦茲

如果能在你想要的時候，將任何的內容、影片、文章、宣傳、片段的知識或是最微不足道的推特，變成銷售的祕密武器，這不是很棒嗎？當然是。你有可能在不推銷的情況下賣出東西嗎？你要如何將推銷融入介紹影片、文章等非行銷導向的內容裡？答案就是運用「偷偷接近」的方式（也就是「可倫坡接近」，Columbo Close）。

在電視影集《可倫坡神探》（Columbo）當中，主角是負責調查謀殺或是重罪的警探，因為他看起來不修邊幅，從沒人把他當作一回事，壞人不會把他視作威脅，頂多當成討厭鬼。在每集裡面，壞人都以為他們已經脫罪，但是結尾前的三十秒到五分鐘裡，可倫坡就會現身，問些問題，假裝一切都沒事，然後說：「噢，順便問一下，我在酒吧看到的飲料或是空杯子是怎麼回事？」或是「那到底發生了什麼事？」那個人就會放下戒心，說出會被定罪的答案。

「可倫坡接近」就是不被雷達發現的飛行方式。大多數人一看到廣告就會產生戒心，無論有意或無意，他們都會認為：「這個人想要賣東西給我。我必須小心，因為每次看到那種廣告，我最後都會買下來，接著太太就會對我大吼大叫，因為信用卡帳單又變多了。所以我得小心，不要買東西，只是看看就好。」他們會把反推銷雷達開到最大。「偷偷接近」是一種微妙的方式，能夠引導他人走向你希望的地方，卻沒讓對方發覺你的意圖。

用「順便一提」引導讀者

你往往會用四個字作為「偷偷接近」的開頭，就是「**順便一提**」。讓我用一封真實的電子郵件廣告舉例說明。

主旨：嘿，（名字），完美的照片。

我是吉姆．愛德華，明天將在我的報紙專欄上刊登下方那篇文章，但你今天就有搶先看的機會。如果當你在製作網頁、小網站、內容網站、手冊、傳單、電子書封面、光碟封面等等需要照片的話，這篇文章能夠提供一些很棒的資訊給你，讓你既能省時間也能省錢。

順便一提，現在報名下週在洛杉磯舉行的「網站影片祕訣」工作坊還來得及。細節請參考這個網站。

「網站影片祕訣」研討會和報紙專欄有什麼關係？當然沒關係。但我在提供價值給他們之後，突然偷襲他們。

「偷偷接近」用在廣告訊息附註當中的效果也很好。這裡再舉一個例子：

「我這裡有篇文章，說明大家如何在eBay上販售偷來的贓物，因此你要特別留意。」接著加上：「註：我們四月五號與六號在亞特蘭大舉行的現場『網站影片祕訣工作坊』還有一些名額。如果你想知道製作簡單小影片來衝流量、讓大家點擊、得到豐厚佣金的祕訣，現在就可以在這裡進一步了解相關資訊。」

接著我會放上連結。同樣的，這是個轉向技巧。請想想柔道的柔術動作——某人為了一件事而朝你過來，你朝側邊一閃，接著對手被你摔倒在地。

這是怎麼辦到的？基本上可以分為兩個步驟。在第一步驟中，你要先提供價值。在上述的範例裡，我給出了價值。「嘿，這是一篇很棒的文章。這是一支影片。這是（你有的東西）。」接著在第二個步驟裡，你透過「順便一提」的方式，邀請他們進入下一個層次。

你可以在哪裡運用「偷偷接近」的技巧達到最佳的效果？這種方式在電子郵件廣告中的效果特別好。我通常都會寄出有價值的電子郵件，才方便進行「偷偷接近」。我給出的價值，就有如傳遞「偷偷接近」訊息的運費。這種接近髮和贊助商廣告或是公開平面廣告不一樣，它不會說：「嘿，這是一則廣告，你可以忽略我。」基本上大家很難把「偷偷接近」和訊息的其他部分區隔，這就是我的目的。

無論在言談、文字或是其他地方，你都可以使用「偷偷接近」的技巧。一開始你先提供價值，接著轉而讓對方去報名、訂閱等等你想要對方去做的事。

你也可以在文章當中運用這種「接近」的技巧。我在某篇公開發表的長文最後寫著：「順便一提，如果你想賣出更多、想要推廣你的書，以及透過訪談來獲得精彩的內容，那麼『專家訪談魔法師』能夠在短短的三到五分鐘之內，幫助你做好所需的一切，讓你推出精彩且能夠獲利的訪談內容。請你收看示範影片以獲得優惠價格，這是限時優惠，請前往此網站。」

表面上看來，那像是廣告嗎？當然不是。這只不過是從內容轉移到我希望他們採取的下一個步驟。此外（這也是關鍵所在），這部分的格式和其他內容沒有任何差別，這點相當重要。沒有什麼比明顯不同的格式，更容易自曝秘辛：「嘿，我不是內容。」

你也可以在部落格貼文裡做這件事。在有關「長銷產品」的部落格文章中，我教大家如何創造與製造這些產品，以及你為何會想擁有這些產品，接著話鋒一轉：「順便一提，你最容易創造也最實用的『知識性長銷產品』，就是與專家的訪談。無論你是提供知識的專家，或是你擔任主持人訪問其他人都一樣。安排訪問不僅相當容易，你也可以把這些內容放在著作、電子書、光碟、網路研討會、遠距研討會、自學課程等等當中。在知識性商品創造領域裡，訪談的地位有如萬用瑞士刀。另外，如果你想要賣更多，推廣更多……」這部分的格式和部落格的其他內容完全沒有差別。

你也能在自己的Kindle電子書當中運用「偷偷接近」的方式。如果你要出版Kindle電子書、紙本書、電子書等等，你可以在提到參考資料時利用「偷偷接近」的方式，更可以在書的開頭運用「偷偷接近」的方式，來獲得更多人的訂閱，讓不買書的人也加入。在書的開頭其中一頁寫著：「順便一提，如果你想要擁有免費的有聲版本，請你前往這個網站註冊，就能夠立刻擁有。」

這就是個很棒的範例，說明你如何能在大家未預期會看到廣告文案的地方，發揮文案寫作的力量。

這個格式也適用於臉書貼文、YouTube影片、Pinsterest……所有你分享內容的場域。這種方式也能在臉書直播影片中發揮良好的效果——在每支影片結尾之處，提到「順便一提」的內容，引導他們前往能夠讓你賺錢的場所，或是成為你的訂戶。如果養成習慣，你做這件事就會相當簡單且有效。

「偷偷接近」與「喚起行動」的差異

典型的喚起行動方式像這樣：「現在請你點擊此處，以……」這沒什麼不對，在適當的情況下也能發揮良好作用，但大家也都知道接下來會有什麼——這就是從免費的東西前往賣東西給我的地方；這就是他們要我報名什麼的地方。

不要誤會我的意思。我用「現在請你點擊此處，以……」的句型賺進好幾百萬美元。這句話有其重要性，在廣告函與廣告頁面上尤其如此，能夠讓大家知道自己來到廣告當中的銷售情境。

但如果他們不知道自己正在廣告當中的銷售情境？或者他們不想處在銷售情境？或是他們不想從獲得免費內容的臉書，前往你想要賣東西給他們的地方？大家都豎起戒心，這就是「偷偷接近」粉墨登場的時候了。「偷偷接近」讓你能悄悄溜進他們的防禦範圍，就像隱形轟炸機一樣。我們運用「偷偷接近」的方式，將免費內容的流量引導到付費方案去。你不會在真正的廣告函或是廣告影片當中運用「偷偷接近」的方法。

我們來說明一下如何運用「偷偷接近」的方式，讓免費內容的流量轉移到付費方案去。第一個步驟是：教授某樣東西，提供價值給他們。用承諾（以及傳遞）價值讓他們上鉤，並提供一些小訣竅。我的好友麥克·史都華喜歡將之稱為「你知道？」句型。例如：「你知道有三種方式能夠不用書寫就可以創造與出版書嗎？當然有。這三種方式如下。」

你會去解決問題。「嘿，你沒辦法替Kindle電子書找到好看的封面嗎？沒問題，我現在就告訴你如何找到五美元的好看封面。」

你會回答問題。「嘿，你想知道我如何讓我的Kindle電子書一放上亞馬遜網站就狂銷嗎？很多人都有同樣的疑惑。以下這五件事能夠幫助你解答。」

接下來的第二個步驟是要說：「順便一提，你知道……？嗯，……以及……，那些都是真的。你應該看一下。」例如：「嘿，順便一提，你知道『三小時完成電子書魔法師』能夠幫你在不到三小時內，就創造並出版電子書嗎？那是真的。你應該看一下。」

或是：「嘿，你知道有個軟體讓你只花十分鐘填寫一些內容，就可以幫你做出在亞馬遜上架所需的整本電子書內容嗎？那是真的。你應該看一下『三小時完成電子書魔法師』的示範影片。」

無論你教他們什麼，都應該用「順便一提」的方式告訴他們能夠從哪裡獲得好處；你要將這些和他們想要的利益結合，那正好與你教他們的東西相符。最簡單的方式，就是將之與秘訣三當中十個驅使大家購買的理由結合：（一）賺錢；（二）省錢；（三）省時間；（四）省力；（五）避免身心的痛苦；（六）獲得更多舒適感；（七）增進清潔衛生與健康；（八）獲得讚賞；（九）獲得更多愛；（十）增加受歡迎的程度或是社會地位。

希望你能夠看見這些「文案寫作的秘訣」之間可以如何相輔相成，幫助你寫出更好的文案。

請你養成使用「偷偷接近」的習慣，這是你能真正獲利的地方。多使用「偷偷接近」，讓你可以持續獲利，這是你賴以維生的原則。無論在什麼時候，只要你出版任何東西，請你用「順便一提、你知道嗎」，來告訴他們一些事。

- 順便一提，你知道你可以用——做——？沒錯，那是真的。請前往此處以了解更多的資訊。
- 順便一提，你知道——能夠幫助你——？沒錯，那是真的。請前往此處以觀看示範影片。
- 順便一提，你知道我們還有——嗎？沒錯，那是真的。請前往此處以了解更多資訊。
- 順便一提，你知道——正在以——進行拍賣嗎？沒錯，那是真的。請前往此處以了解你如何能夠用二點五折的價格買到。

「偷偷接近」可說是內容行銷軍火庫當中最強大的祕密武器，因為很少人知道這種方式，幾乎連想都沒想過，大家都是運用「喚起行動」的直接攻擊方式。另一個你應該使用的理由，是這種方式的效果絕佳，不易被大家的防推銷雷達偵測到，於是你可以將廣告文案納入撰寫的內容而不被發現。

現在你可能會想：「如果我一直說『順便一提』，大家就會開始發現這件事，知道廣告要出現了，它就和普通廣告沒什麼兩樣。」或許如此，但你可以換個方式說，像是：「噢，趁我還記得」、「噢，還有一件事」、「嘿，順便一提」、「嘿，你知道嗎？」、「嘿，你發現了嗎？」有許多不同說法都能接續之前的話，達到「偷偷接近」的目的，獲得驚人的效果。

運用「偷偷接近」的方式有上百種，你發出去的內容全都能用這種方式，無論看起來有多不可行都應該嘗試。你若能持續做到這點，就會看到轉換率的數字相當驚人；那些人都從閱讀你內容的讀者，變成照你的意思去做的人。

重點整理

- 大家隨時隨地都開啟著防推銷雷達。
- 「偷偷接近」能夠幫你不被他們的防禦系統發現，並且讓他們去做你希望他們做的事。
- 請努力將「偷偷接近」放入你的免費（與付費）內容當中，引導大家前往你的廣告文案與方案。

秘訣
26

引進外力的正確做法

「如果你認為請專業的人去做所費不貲，那你等著看請業餘的人做會有什麼下場。」

——瑞德．亞戴爾（Red Adair）

現在我要來說一些和外包廣告文案有關的事。我自己不怎麼喜歡將文案外包，並非因為我喜歡自找苦吃，也不是我認為坐著寫文案是全世界最棒的事，其他事沒得比。

現實是，沒有人比你更了解你的產品，沒有人和你一樣了解你的市場。所以你請人寫文案時，有一半的問題或挑戰在於，你得讓他們知道所有關於你產品與市場的事，他們才曉得要怎麼替你撰寫廣告文案。

你不能說：「我要找人針對種植蘭花的利基客群，幫我撰寫廣告文案。讓我來找個種蘭花方面的文案寫手。」那一點也不容易。要尋到好的寫手，就必須找到了解你產品以及市場的人。在一千次當中，有九百九十九次會是沒那種好事，你必須指導寫手相關的知識。

局外人的觀點有時很不錯，如果你撰寫文案的經驗不多時更是如此。當你和產品太接近，外人能夠幫助你看見整座樹林，讓你不會見樹不見林。

然而，我發現如果你想尋找局外人的觀點，在

你寫好文案之後，聘請有經驗的好寫手來點評會更有幫助。請他們做類似秘訣二十三「替豬擦口紅的美化工夫」的事，根據清單一一檢視，看看文案是否有問題。

聘請別人替你寫文案，他們一定會問你許許多多的問題。你至少會和他們進行一次長時間的深入面談，過程勞神費力。你必須坐下來研究你的市場、有什麼好處、能夠獲得什麼回報、你目標客群的動機、會造成什麼情感衝擊、他們購買的理由是什麼、如何讓他們立刻買單，以及限時好康是什麼等等。

接下來，你必須把那些資訊告訴某個不熟悉你的市場與客群的人。最後，如果他們的工作做得不錯，你就能夠收到一份廣告文案，當中提到你跟他說過的內容。他們只不過是把你的概念放進他們的廣告資料庫而已。

不過，至少你收到東西了。某個人會拿你的東西放進他們的架構裡，然後送回去給你，並向你收取一千、五千、一萬、一萬五或是兩萬美元的錢。

問題來了：你什麼時候應該這麼做，什麼時候不該這麼做？你什麼時候應該請人幫你做這件事？老實說，你理當要有能力撰寫自己的廣告文案，但你不必每次都親自寫。基本上，沒時間的時候，你就不用自己做。

這很合理，也不成問題。如果你沒時間寫文案，可能是你正忙著經營事業賺錢，花錢僱人幫你寫份文案初稿夠划算。但你必須擁有撰寫良好文案的能力，才能判斷他們送回來給你的東西寫得好不好，並進行微調，讓文案對你的目標客群發揮更大的功效。

請你不要作白日夢，以為聘請文案寫手、要他們撰寫廣告函來替你行銷產品，一封廣告函或是廣告影片腳本在幾天之後就會神奇地出現並幫你賺錢，而你完全不用費功夫。那真的是白日夢，絕對不可能發生。你無論如何都得費功夫。如果你忽視我的建議，很可能浪費大量的時間與金錢繳學費。

文案外包的三項要訣

如果你打算外包出去，做好這件事的方式如下。

第一件事，請你用一個小案子來進行測試。除非你認識對方，清楚他做出來的東西效果如何，或是透過適當的人推薦，否則請不要花上一萬或一萬五美元請人撰寫長達三十頁的廣告函。我把適當的推薦人視為上帝，其他人都當作嫌疑犯。請不要犯下這個昂貴的錯誤。其實你應該聘請三、四個人來做小案子，撰寫電子郵件前導廣告之類的事，讓他們寫出一些標題、寫一段簡介，或是做產品方案的摘要，看看他們能否針對你的特定產品寫出適合這個市場的內容。

第二件事，請對方提供作品集。挑幾個出來看，並求證他們是不是撰寫人本尊。聘請寫手有個業界秘辛：寫手的等級有高低之分，當你花小錢聘請知名寫手時，他往往會把文案外包給資歷淺的寫手；菜鳥寫手負責寫你的文案，你聘請的人卻用他的價格向你收費，從中挪三十%金額給菜鳥寫手。這樣的情形經常發生，不僅在撰寫文案方面如此，撰寫內容文章也是。這些人就是會這樣彼此掩護。

你可以詢問他們過去的客戶是誰，確保文案是他們寫的。請你在得到相關資訊後，進一步探詢相關人士。「嘿，那個誰誰誰幫你寫這個文案嗎？過程怎樣？結果如何？」

你也要注意他們是否只是套用廣告文案的模板，再把你的資訊放進幫別人寫好的文案裡，而對方正好和你擁有同樣的利基市場。我非常贊成運用廣告資料庫，但不是用「尋找／取代」這種方式！檢查的方法之一是利用Google的「抄襲檢查器」。你可以把文案的某個部分複製貼上，搜尋是否網路上到處都是。如果你在五個、十個、十五個地方看到相同的廣告函內容，只有名稱不同，便毫無疑問是用範本下去修改的。你查過就會對世人的手段大感震驚。再提醒一次，一旦他們收到你的錢，就不關他們的事了，你一點辦法也沒有，所以務必要留意。

第三件事，要記得你想請他們做的專案大小。審查別人替你撰寫的電子郵件和聘請別人幫你寫長篇的廣告函，是天差地遠的事，價格也有所不同。你可以聘請不同的人做不同的工作。

羅素·布魯恩森和我創造Funnel Scripts最主要的原因是，一旦你明白撰寫廣告文案只不過是透過一連串的問答流程，把內容套進證實有效的藍圖與公式當中，最終組合起來而已，你就不會再以同樣的眼光看待廣告。並非所有的寫手都如此，但你會明白基本上大部分的寫手是這麼做。那你何不自己來，尤其現在還有Funnel Scripts這樣的好工具可以利用？

你從專業的寫手收到廣告文案時，必須對文案進行調整。你不能期待這份廣告直接就能用。他們把初稿交給你，你或其他人必須仔細看過，進行微調、修改、塑形，並且測試是否有效。當你了解請別人寫完文案以後，自己還得做這麼多後製時，大多數人都會覺得自己來寫比較快。

重點整理

- 聘請別人幫你撰寫廣告文案並不是付錢了事這麼簡單。
- 一開始應該用小案子做測試，藉此找出可以幫你的人，排除不適合的。
- 你要了解自己仍然必須做一些事，才能從寫手那邊得到好的文案。
- 你要了解從寫手那邊拿到的只是初稿，你還必須進行微調、編輯等等。

秘訣
27

「神奇辦公桌」客群想像練習

「你首先必須了解的事，就是你得成為『市場的學生』。不是產品、技巧、文案寫作、如何買廣告版位等等。以上這些當然都很重要，也都該學，但你得學的第一件事，亦即最重要的事，就是大家想要買什麼。」

——蓋瑞．海爾伯特

這是我們所有人都會面臨的挑戰：你要如何脫離自己的想法，進入潛在客戶的想法當中？你在撰寫文案或是創造內容的時候，比起檢討自己在業界做的東西或文案，檢討別人容易得多。換句話說，相較於察覺自己的角度與問題，看見別人的問題或成功之處相對簡單。原因在於你和文案太接近了，你無法跳脫自己的想法，你會見樹不見林。

讓我們來做個很棒的練習，協助你跳脫自己的想法，進入你潛在客戶的想法當中。在你對目標市場做完研究之後，這個練習就能發揮最佳效果。你不能憑空想像市場，必須了解目標的理想原型弗雷德，我們在秘訣八當中曾經深入說明。請你在完全定義好顧客的理想原型之後再做這項練習。

練習同理心，收聽別人的頻道

進行「神奇辦公桌」練習的方式如下。這是引導式的視覺化想像練習，請你先看過一遍說明，了解應該怎麼做。這項技巧能夠幫你進入潛在客戶的內心當中，了解他們在想什麼；更重要的是，你會知道如何用他們想要的方式，把他們想要的東西給他們，並且用他們能夠了解的方式說明。在你練習的時候，我只要求你維持心胸開放，因為整件事會有點奇怪，對於沒做過視覺化練習、不熟悉創意視覺化練習或冥想的人來說更是如此。

這個技巧能夠奏效，是因為它能幫你找出潛在客戶、老闆、配偶、顧客、讀者想要的東西。為什麼這種能力很重要？世界上的每個人，內心都只能也只會收聽一個頻道，呼號為WIIFM，代表「我有什麼好處」（What's In It For Me）。你收聽他人電台的能力，將對你一輩子的成敗造成重大影響。無論你目前處在人生的哪個階段，或是你賺多少錢，你有多開心或傷心，你的目標、希望、夢想、慾望是什麼，你是否想要擁有更多金錢、愛、平靜、快樂、滿足，你都必須能用其他人希望的方式滿足他們的夢想，如此才能得到你想要的。

用大家想要的方式滿足他們的慾望，無論是在情感、金錢、精神或其他方面的需求，你就能透過這種方式獲得你想要的。但反之則行不通。基本上，若欲獲取你想得到的東西，你必須先知道別人想要什麼，再把那樣東西給他們（許多情況下是賣給他們）。如果你想要改變你生活中的經濟、社交或是其他情況，別人會扮演協助你達到目標的重要角色。

做這個練習的主要目的，是要加強你對客戶或潛在客戶的同理心，幫助你能收聽他們專屬的「我有什麼好處」頻道。大部分你聽見或看見「同理心」這個詞彙時，它都是遭到誤用。韋氏辭典將同理心定義為：「對於他人感覺、想法、態度有感同身受的經驗。」

有些人將這種經驗稱為和其他人同頻率或是同步，同理心意味著你對於某件事情的想法與感受和他們一樣。透過學習如何迅速進入這種同理的狀態，你就能夠大幅改善與其他人溝通的能力。或許你已經注意到這點；我知道我注意到了。在我處於自己高度同理的對象身邊，我講話的樣子和行為舉止會開始變得像他們，在某些情況下，甚至會用他們的腔調、口頭禪和思考模式。我很早就注意到自己有這種情形，當時我正在大學的聯誼會裡。我發現自己這麼做，卻不知道為什麼。過了很久之後，我才了解利用這種方式驅動他人的力量。

此外，我也有劇場演出經驗。能夠同理他人或是你表演的角色，是表演的重要方法，那就是我們想要的。我們想要把顧客的角色演好，直到最後變成真正的顧客，接著顧客就會用他們的語言、想法或是恐懼，說出他們真正想要的。之後我們就可以運用這些資訊賣東西給他們。這個技巧的力量非常強大，請務必小心，不要濫用。你可以也應該學著完全同理客戶、潛在客戶，或是任何你想要驅動的人。如果你能進入他們的內心世界，你就能感受到他們的恐懼，了解你必須提供什麼，他們也會覺得更有安全感。

如果你可以進入他們的內心世界，感受他們的痛苦，你就會知道他們希望能有什麼消除痛苦的方式。如果你能進入他們內心的世界，感受他們的問題，你提出的解決方案就能直接與他們大腦溝通。許多文案寫手經常忽略了一點——如果你能察覺某人情感上的貪婪（他們往往不敢承認），你就能提供更多他們想要的東西給他們。

這項練習不僅能協助你觸及他們想要的東西，也能觸及他們的恐懼、痛苦、問題，以及內心最深處的渴望，如此一來，你就能幫他們獲得想要的東西。你能夠做到這點的能力，將會讓你與這些人溝通的能力突飛猛進，促使他們採取你想要的行動。

進行「神奇辦公桌」練習

以上是這種技巧的簡介。如果要讓它更有效，你可以在針對自己潛在客群或客戶進行大量研究之後再運用。你已經看過他們會造訪的網站、雜誌和電視節目，也查過他們在網路上搜尋的關鍵字，更針對潛在客戶進行想法研究，腦中滿是這些概念，卻仍無法與他們產生深入連結。做這個練習最棒的時間點，就是在你進行完所有研究之後。你收集到越多目標客群的資料，這項技巧就越有用，而與任何事情一樣，你練習得越多，成效就越好。

在開始之前，請先把電話筒拿起來，或是關掉鈴聲；請務必將手機調到「勿擾模式」，並關上房門，確保自己不受打擾。此外，也要讓自己保持放鬆與開放的心情。手邊請準備好紙筆或是錄音裝置。我比較喜歡用錄音，所以我練習時是用有語音備忘功能的手機進行錄音；過程當中，一定會有什麼從你意識流當中出現是你想記錄下來的，你不會想因不斷開關錄音裝置而受到干擾。

我偏好使用錄音裝置，是因為進入潛在客戶的內心之後，會很驚訝地發現在你開始了解對方真正想要的東西之後，有些想法自然跑了出來。你會希望能夠捕捉那些念頭，因為當你想要覆述之時，那些內容一下子就會從你的潛意識中溜走，而你非常不想遺漏它們。

在進行練習之前，請先寫下一些想要問自己的問題。聽起來很奇怪，但這就像是訪談。你不會希望在進入潛在客戶的內心之後，還得思考你想問他們什麼問題。如果你想知道他們害怕什麼、對什麼感到興奮、對某件事有什麼困擾，你一定要事先將問題寫下來，當作指南。

如果你能寫下訪談的目的，也會相當有幫助。例如：「我進行這個練習的目的，是要針對潛在客戶寫書時，與他們的主要問題及恐懼產生連結。」

請你坐在安靜的地方，閉上雙眼，把紙筆或錄音裝置放在一旁。你已經將明確的問題寫好並置於手邊。紙上請騰出足夠的空間書寫，手機則確認電量充足。接著，我喜歡慢慢地從十開始倒數。現在，閉著雙眼、放鬆心情，感受到完全自在與安全，想像自己坐在一張舒適的扶手椅上，前面有一張裝飾繁複的大型柚木或其他異國風熱帶木料的書桌。

你面向一扇門，那是在房間的對側。門打開了，有人走進來，那個人正好是你的理想潛在客戶。他看起來很憂愁。他知道你可以解決他的問題，於是來找你做諮詢。他知道你了解他的渴望、需求、慾望、挑戰。他在你書桌的對面坐下來。他相當不安，因此說話速度極快。雖然他描述得繪聲繪影，你卻維持著平和寧靜。

他們述說自己有什麼問題、希望能夠解決的事情，以及內心的慾望時，突然間他們的聲音漸漸消失了。你發現自己從椅子起身，沿著書桌邊緣走到另一側，依舊非常平靜。一切都很美好。對方還在說話，你走到他身後，接近他，耳中聽見他的聲音，並透過他的雙眼看見一切。下一刻，你發現自己已進入潛在客戶的內心當中。

你聽著他說的話，看見自己坐在書桌對面。你發現自己能夠確實感受到他的恐懼，還有他的問題及慾望，那些情感形成龐大團塊積在你的胃裡。接著，你從書桌的對面，就是你坐著的位置，問他們寫在紙上的問題。因為你與潛在客戶的內心合而為一，答案自然而然地從你的口中說出。這時你用錄音裝置與紙筆把一切記錄下來。

以下這些問題，或許能夠引導你去了解你想獲得的事：

- 什麼讓你感到極度害怕？
- 如果發生了那件事，代表什麼？
- 如果不擔心別人批判你，你要如何用大家都能理解的方式，用文字描述自己的恐懼？
- 你現在生活當中最深的慾望是什麼？
- 你的業務、建立訂閱者清單、建立下一個漏斗、尋求財務自由方面的目標是什麼？
- 如果我能提供解決方案給你，你必須看到什麼，或是我得說什麼，才能夠激起你強烈的慾望來購買我販售的東西？
- 你會用什麼樣的字眼來描述我販售的東西或我提供的東西，我要如何用更好的方式向你說明才足以引起你的共鳴？

- 你有多想要我販售的東西？
- 我要如何才能讓你更想要我販售的東西？
- 你對我販售的東西有何不滿？我要怎麼證明給你看或是對你說什麼，才能消除你的反感？
- 什麼原因讓你無法獲得我承諾能夠給你的東西？
- 我可以做什麼來替我的方案、產品、服務增加紅利，讓你覺得更自在，願意在我改變心意之前好好利用我的方案？
- 你看著我的競爭對手時，看到什麼是你喜歡、讓你覺得興奮，讓你立刻就想購買的？
- 我要給你看什麼或是提供何種證明，才能夠讓你從潛在客戶變成替我或是和我做生意的客戶？
- 你認為我販售的東西賣什麼價格才合理？
- 你還能給我什麼意見，讓我提供的方案更吸引你？
- 你有什麼問題或是擔憂的地方是我沒注意的，或是我不知道那對你來說很重要？

在你回答這些問題之後，就應該讓訪談做個結束。然而，請不要貿然張開雙眼，那樣做會讓你的心靈不舒服。

你要慢慢讓自己與潛在顧客脫離，從他們背後抽身……你會發現自己緩緩地飄回書桌前，坐回自己的位置上。接著你們兩個人靜靜地著，注視彼此，知道你在和對方溝通時非常誠懇、敞開心胸，也十分全面。

你潛在顧客的氣質在進入房間之後就變了。他們變得平靜、開心，也覺得舒心許多，因為他們知道你非常努力想要了解他們的問題、需要與慾望。接著，你和他們臉上都掛著微笑，起身步出房間，最後關上門。

你的雙眼仍然緊閉，但你開始緩緩且平靜地打起精神、準備醒來。你從十、九、八倒數，覺得清醒許多；七、六、五，好像更有精神；四、三、二、一，張開雙眼。

建立連結始自你的內心

待你完成這個練習後，就會獲得一些能夠運用的訊息與洞見。我有幾次突然獲得啟發，像是：「我的天啊！我看待這件事情的方式完全錯了。」或者，曾有幾次我僅是獲得小小反思，使我在解釋某樣能帶來巨大轉變的東西時的用字遣詞做出些許調整與轉移。但每當我做這項練習總是能誘發洞見，幫助我更了解銷售的對象，或是更夠同理他們。

你可以運用這個練習來了解如何更能符合他們的需求。你可以運用這個練習來幫忙創造文案，直接說中他們的希冀與慾望。在任何情況下與他們打交道時，你都可以調整自己的行為，在社群媒體上尤其如此，因為在這裡大家往往會惹你發火。如果能發揮一些同理心、多點耐心，會是相當棒的事。

從此，你所創造的銷售行話、網路研討會、電話行銷腳本或是任何與他們互動的行為，都能更與他們的想法同步。此外，你也更能了解別人想要什麼，並將那項東西販售給他們。你在練習當中獲得的洞見價值千金萬銀，因為你能進入他們的內心世界，運用他們使用的詞彙，還能提供資訊給自己，藉此驅動他們。很重要的一點是，記得別去想：「天啊，這真奇怪。」或「這真是蠢。」又或「這真是令人覺得有點恐怖。」這個技巧證實有效，用就對了，別再有忌憚。

此外，請記得你和客戶之間建立的連結，皆始於你的內心。對我們這些透過網路進行銷售的人來說，這聽起來似乎胡言亂語，但再仔細一想，你正利用螢幕、鍵盤、網路，把你的想法傳遞到客戶的螢幕與網路上。那些想法就是讓大家願意購買、報名、採取行動的原因。重點在於產生那些連結，那都始於你的內心。

那是你的內心，你要怎麼認知都成。如果你覺得這個練習很笨拙或很奇怪，那它就會很笨拙或很奇怪，也無法在你身上發揮效果。但若你能維持開放的心胸，努力去同理並透過客戶的雙眼將一切視覺化，你就能運用這個練習來打造標題、想出條列式要點、寫出故事、撰寫廣告函，或是任何你打算用來吸引大家的事，並讓他們採取你想要的行動。我總是運用這種方式。

俗話說得好：「在你穿他的鞋走上一英哩之前，絕對不要評斷一個人。」現在你可以做的事不只走一英哩——你可以進入他的內心當中，了解他在想什麼。

重點整理

- 更好的文案來自你對客戶與潛在客戶更高度的同理心。
- 運用這類的引導冥想，能幫你透過潛在客戶之眼獲得許多資訊與資料。
- 如果你覺得這麼做很奇怪，這個作法就無法奏效；如果你敞開心胸去做，就會得到真的能夠改變你一生的結果。

秘訣
28

網路廣告的唯一目的

「網路廣告的唯一目的，就是要讓對的人點擊，錯的人繼續捲動網頁。」

——吉姆．愛德華

網路廣告的唯一目的，就是要**讓對的人停下腳步點擊連結**。

其實這一章我已經可以結束了，因為只要你深信並做到前一段的最後一句，你就已經打敗九十五%的對手。其他說法（像是品牌行銷或各種胡說八道）完全都不是真的。網路廣告的唯一目的，就是要讓對的人停下手邊的事來點擊。就這樣而已。

你在臉書或其他網站上看過那種廣告。像是保證教你寫廣告神奇公式的課程，宣稱那種廣告能讓你致富；你也肯定看過電視廣告中鼓吹小廣告能帶來龐大的收益。那些廣告都保證會教你撰寫完美的廣告，讓你可以在社群媒體、臉書、領英、Instagram、Google AdWords，甚至是寄實體郵件，都能雪崩式地獲得大量客戶。他們利用了你潛藏的慾望（以及觀念）：如果你能想出完美的廣告，就能賺進大把鈔票。

那些承諾相當吸引人，因為你以前寫的廣告沒運用他們的神奇公式，失敗的次數往往多過成功。坦白說，你甚至會恨他們怎能那麼成功。你對那些別人知道怎樣做出精彩的廣告而你不會，讓你覺得自己很笨的廣告，有什麼看法？你看到他們展現成功的照片時，有什麼感受？

你會不會疑惑，他們是否真的擅長寫廣告，無論銷售的是什麼？或者他們只是特別懂怎麼在臉書推銷這個「如何在臉書打廣告」的高價課程？如果聽起來和你的經驗相去不遠，請相信我，你並不孤單，我也曾經如此。讓我和你分享過去二十五年來在線上刊登廣告學到的一些想法。

在本章的秘訣當中，有五個關於廣告的真相。這就好像是一個秘訣當中還有五個秘訣，如果這不叫超值服務，什麼才叫超值？

關於廣告的第一個真相

我再說一次，線上廣告的唯一目的，就是要讓對的人點擊你的連結。我寧可讓一百個對的人來點我的連結，也不要一千個不對的人來點，這樣會浪費你下廣告的錢。

如果你的廣告瞄準了對的客群，你要付出的費用就會減少許多。你花的錢比較少，是因為點擊廣告的人變少了。如果有越多對的人點擊，你的費用就會迅速大幅降低，因為你不再把錯的人送去你的到達頁面。

關於廣告的第二個真相

　　好奇心是關鍵，這就是你讓對的人點擊的關鍵。如果你的廣告讓某個人感到好奇，對方就會點擊你的廣告。請讓他們感到好奇。廣告的目的，就是要讓對的人點擊。在我們這個缺乏注意力的世界裡，大家能給你的時間變少了，既然沒空注意你，能讓大家點擊廣告的主要原因，就是好奇心。

　　那是什麼？他們怎麼辦到的？這就是你希望潛在客戶心裡出現的兩個典型疑惑，如此一來他們才會點擊你的廣告。

好奇—點擊

關於廣告的第三個真相

如果你不知道要如何為廣告文案開頭，就提出問題吧！這樣做就對了。我在寫廣告的時候，下面三個基本問題對我很有幫助。

- 你是否受夠了＿＿？
- 你想要＿＿？
- 你是否曾經想要＿＿？

你用這種方式在利基客群當中抓住對的人，並且立刻排除那些不適當的人。（請注意，在這三個問題當中，我們都希望能夠獲得「是」的答案。）

例如：你是否受夠了衝網站流量？你想要寫本書嗎？你想要撰寫與出版一本書嗎？你是否曾經想要當書的作者？

如果他們回答「是」，你就抓住了他們的注意力，接著你就運用好奇心來讓他們點擊。

如果他們的回答是「不」，就不會點擊你的廣告，不會讓你花錢。這是個很棒的雙贏方式吧？問他們是否受夠了處在痛苦或活在恐懼當中。問他們是否想要得到龐大的利益或是很好的回報。問他們是否想要做很酷的事。

如果你之前沒寫過廣告，那麼在撰寫廣告時，提問是很棒的開頭方式。你甚至可以將問題當作廣告的標題。

另外向你補充說明。有一天，我在臉書上看到一則讓我嘖嘖稱奇的圖片廣告。那是一張白底圖片，上面只有一行以黑色文字寫成的提問，沒有其他圖像，圖像就是那行字。那個廣告抓住我的注意力，於是我點了進去。刊登廣告的人是我朋友，他的照片貼滿了到達頁面。我打電話問他：「嘿，老兄，我看到你的廣告。那個廣告效果如何？」我們像哥兒們閒聊。

他跟我說好到不行，於是我就把這種方式納入用問題寫廣告的現有知識當中。過去我會用圖片搭配文字來提問，卻從沒有把文字當作圖片使用。你可以試試看效果如何。

關於廣告的第四個真相

ＡＩＤＡ是胡說八道。到底什麼是ＡＩＤＡ？ＡＩＤＡ是線下平面廣告的黃金準則，至今仍然不變。那是以下四個詞的縮寫：抓住他們的注意力（Attention）；激發他們的興趣（Interest）；累積他們的慾望（Desire）；促使他們採取行動（Action）

你必須抓住某人的注意力，通常是利用標題。你可以用圖片引發興趣。接著你要升高他們的興趣，並用承諾來強化慾望，最後引導他們採取行動。

ＡＩＤＡ是個讓人起身開車去實體商店的完美公式。我不是說這種方式無法奏效，但以線上廣告來說，你不需要ＡＩＤＡ。切記，線上廣告的唯一目的，就只是要讓對的人點擊你的廣告。

你只需要做三個步驟。第一個步驟是抓住注意力，你通常會用文字廣告當中的標題、圖像廣告或社群媒體廣告當中的圖片，或是影片廣告當中你做的第一件事或是螢幕裡出現的第一幕，搭配你說的第一句話，來抓住觀者的注意力。

請你想想臉書、Instagram的情形；想想推特、領英的情形。你在瀏覽這些網站時，什麼原因會讓你停下來看？不是標題，而是照片。看影片時，你是不是在最初幾秒鐘就會決定是否要繼續看？那就是為何臉書用觀賞三秒鐘的標準來判定廣告是否成功。

因此「最初三秒」是整支影片的關鍵。大家會繼續看下去或是切掉影片，取決於你在前三秒讓大家看到什麼、說了什麼。請你用情感抓住大家的注意力。說出能夠獲得的報酬或是可能遭到的懲罰，說說結果或障礙，說說他們想要或是不想要的內容。一旦你抓住大家的注意力，必須追加情感的部分。你不能不上不下，不能打安全牌，也不能試圖跟所有人都建立好交情。你必須逼大家做出決定。你可以透過充滿情感的影像、圖片、標題來讓大家做出決定；關鍵在於情感。

第二個步驟就是引發好奇心。給他們看一張照片或是文字，讓他們會想問：「這是什麼？他們怎麼辦到的？」

第三個步驟是喚起行動。告訴他們去做某件特定的事。多數時候，在線上你會說：「點擊此處以……」

我來舉些例子說明。假設你的目標客群是需要有人幫忙進行財務規劃的人。他們的渴望是能夠擁有穩健的財務或是提升投資的收益。他們的問題是什麼？是想看懂一大堆令人困惑的財金術語，還是擔心被不適任的財務顧問敲竹槓？

以下列出一些廣告的範例。

● 你想獲得每個成功企業家都需要的三個財務規劃祕密嗎？

● 免費網路研討會，幫助你達到財務穩健以及獲得更高的投資收益，讓你不用弄懂那些令人困惑的財務術語。現在立刻報名！

如果他們對上述提問回答「是」，那麼他們會心想：「那是什麼東西？」

● 獲得更高的投資收益，讓你不用弄懂那些令人困惑的財務術語，或是被不適任的財務顧問敲竹槓。

「沒錯，我就是這樣。我想要讓付出的金錢能夠獲得更高的收益。我想要看到那種結果。」

● 現在就點擊！不要因為自己被不適任的財務顧問敲竹槓而痛恨自己。

「什麼？我的天！我真是恨死了之前的財務顧問。」或是：「我痛恨現在的財務顧問。我們要怎麼辦？」

● 免費網路研討會，幫助你獲得更高的投資收益，讓你不用弄懂那些令人困惑的財務術語，不用成為全職的投資經理。

「噢，真該死。我真的很希望花出去的錢能夠獲得更高的收益。」

● 每個成功企業家現在都需要的三個小企業財務規劃祕密。立刻點擊此處。

「我經營的就是小型企業。那些祕密是什麼？」

● 如果你按照這個簡單的計畫去做，你就可以對財務規劃問題一笑置之。那是什麼呢？現在就點擊此處以了解詳情。

「噢，我的天啊，我得點擊。」

無論他們想不想點擊，他們都不得不點下去。

再舉一個例子。這次的目標客群是「想要用更好的行銷方式來找到更多客戶的教練」，他們希望增加客戶、賺更多錢、享受更多擔任教練所擁有的自由。他們的問題是什麼？他們在行銷方面賠了一些錢，浪費時間在不會報名教練課程的潛在客戶上。

我們來看一些廣告文案的範例。

● 每個教練都需要的五個行銷祕密。

● 每個——都需要的五個——祕密。

請你想想要如何將這些經證實有效的公式，運用在你的事業上。

- 五個方式，讓你不再浪費時間在不會報名教練課程的潛在客戶身上。立刻點擊此處。

這種方式帶來了情感上的衝擊嗎？是的。這種方式聚焦在他們擁有的問題上嗎？當然是。

切記，這則廣告的目的，就是要讓人點擊。

- 如何獲得更多教練的客戶。
- 如何獲得更多。
- 你要怎麼換個方式說這句話？
- 想要獲得更多。
- 想要更多。
- 想要更多找教練的客戶？
- 想要有更高收益的投資？
- 想要（什麼都可以）。
- 五個祕密讓你賺更多錢與享受更多擔任教練的自由，不用花時間在不會報名的潛在客戶上。

立刻點擊此處。

我們來複習一下，能讓對的人點擊的好廣告有哪些關鍵要素：

一、你會用情感抓住對方。

二、你要確定自己能夠引發對方的好奇心。

三、最後，要清楚地喚起行動。

關於廣告的第五個真相

廣告是數字遊戲，關鍵在於數量多寡。在網路上透過廣告而賣出更多、賺更多錢，真的只不過是數字遊戲。

就我的經驗來看，你會需要進行十到五十個廣告測試，才能找出效果好到能讓你獲利的廣告。大多數人還沒找到就放棄了——他們太快放棄。

「噢，我的天啊，我把每則廣告都放上去了。」

「你登了幾則廣告？」

「一些。」

「實際上做了幾次廣告活動？」

「兩次。」

「好的，那每次廣告活動當中有幾則平面廣告？」

「兩則。」

他們刊了兩則廣告，就認為廣告無效。這麼做的人真笨，他們不懂廣告只不過是數字遊戲。

刊登廣告就像我在探索頻道中最喜歡的節目「阿拉斯加金礦的賭注」（Gold Rush）一樣，該節目可說是刊登線上廣告的最佳隱喻。節目拍攝人們把他們認為可能含金地區的幾噸泥土放入機器當中（他們做過檢測，確定地下有黃金），從每一噸泥土裡萃取微量黃金。那是工程浩大的解析程序。

做線上廣告時也一樣。那是工程浩大的解析程序，分析的對象是你認為在事業上會為你帶來回報的人。你認為潛在客戶可能會回應這些廣告，現在你把廣告給那些人看，檢視結果如何；如果有效，就繼續下去；如果無效，就改檢測其他地方。如果檢測結果很不錯，就把一大堆的泥土倒進你的機器裡。

大部分販售線上廣告課程的人，都不願意告訴你需要用十到五十支廣告進行測試，他們知道那聽起來相當費力，沒有人想要買費力的東西。你的最佳辦法就是迅速測試完那十到五十支廣告，把糟糕的刪除，留下少數轉換率較好的，然後擴大使用。

神奇公式就是那樣來的。我只是把大家價值好幾千元的廣告寫作課程，歸納出：用情感、好奇、喚起行動寫出十到五十支廣告，並且刊登出來；刪除無效的、找出有效的，然後擴大使用。沒有人只刊登一支廣告就大賣，現實不是那樣運作的。如果你曾經刊過廣告卻失敗，不要氣餒；在進行測試之前，沒人能預測哪支廣告有效、哪支無效。

噢，順便一提，你的工作還沒完。這個流程沒有結束

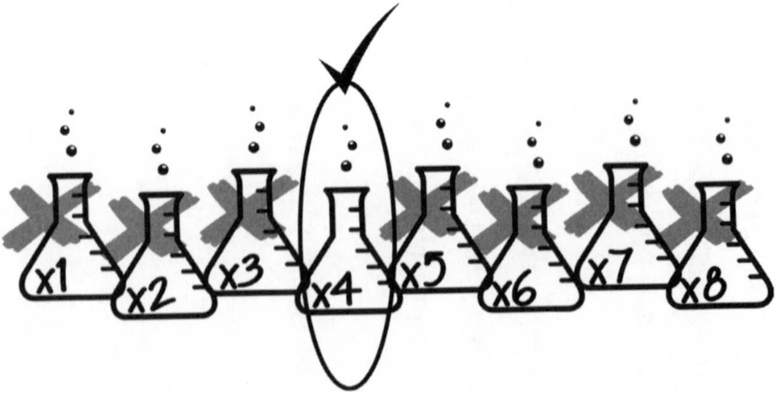

的一天。你的廣告不會永遠有效。請你這樣想：有些廣告出現；有些廣告消失；有些廣告正在刊登。請你將之想像成傳遞水桶的消防隊員。你有正在測試中、正在刊登的，以及正要送走的廣告。請不要放太多情緒在這個流程上，這只是廣告運作的方式而已。

在過去，你能讓一支廣告在雜誌與報紙上刊登許多年嗎？當然可以。時至今日，紙本廣告仍可以這麼做嗎？當然也可以。不過線上廣告的賞味期就相當有限，在臉書或其他社群媒體上更是如此。並不會因為你的廣告無效，就表示你下星期二該退休了。你必須持續進行測試，必須不斷找出新的角度與情感連結來面對你的客群，這不會有結束的一天。

請改變你撰寫文案的心態。你應該要希望自己能越快測試出爛廣告、越快拋棄它們，並且堅持下去，直到你找出「成功的廣告」。容我借用投資界的一個隱喻：賠錢的盡快殺出，賺錢的持續長抱。請不要放太多情緒在這個流程當中。

重點整理

- 線上廣告的唯一目的就是要讓對的人點擊你的廣告。
- 大多數時候，你必須測試「許多」廣告，才能找出少數有效的。
- 在你找出有效的廣告之後，不要沉浸在喜悅當中。你仍必須想出更多廣告來取代正在刊登的，因它終究會失效。
- 抓住注意力；累積好奇心；喚起他們的行動去點擊——這就是線上平面廣告的神奇公式。

秘訣
29

沒有鉤子就釣不到魚

「請把重點放進標題裡。拿標題當鉤子，去抓住你試圖勾起興趣的特定一群人。」

——約翰．卡普雷斯（John Caples）

那麼，鉤子是什麼？你要如何創造鉤子？

鉤子是你用來引發目標客群好奇心的角度或觀點，那就是關鍵所在。

鉤子的目的不是銷售、說服、轉換，僅僅用於引發好奇心，把大家拉入你接下來的廣告文案當中。

你為何需要使用好的鉤子？因為你想讓自己的方案令人印象深刻。鉤子可迅速將大家拉進你的世界當中，因為注意力往哪，人也就會跟過去；如果你抓住了他們的心，其他的部分也會跟過來。你的鉤子負責抓住大家的注意力，讓他們希望獲得更多資訊。運用好奇心來抓住他們，接著讓他們給予你全部的注意力。

鉤子並非「獨家賣點」。獨家賣點是讓你的產品跟競爭者不同之處，這種差異可以是最低價、最高品質、最早出現的該類產品。請把獨家賣點想成你擁有但對手沒有的東西，但那並不是鉤子。

獨家賣點很可能是你成功的重要關鍵，如果你處在競爭者眾多的市場當中更是如此。獨家賣點能讓你在業界脫穎而出；鉤子則能讓你的銷售訊息從其他人的訊息當中脫穎而出。

因此，獨家賣點是使你的產品或服務與其他競品有區隔，鉤子則是一個迅速說完的小故事，用來使別人對產品差異處感到好奇。舉例來說，鉤子是：「獨腳的高爾夫選手勝過老虎伍茲。」而獨家賣點可能是：「我們的三分鐘影片能夠修正百分之九十的開球問題。」

再舉個例子。鉤子是：「七十六歲老人讓我擁有從小到大最佳體態的故事。」因為是運動產品，獨家賣點可能是：「你在其他地方找不到的獨特減重運動。」我們利用鉤子抓住了注意力，但獨家賣點才是讓我們與其他競品做出差異性的地方。

鉤子往往是「隱藏」的故事或角度。你必須把鉤子找出來，這點很重要。提到你的故事或產品時，有時很難用到鉤子，因為別人認為很酷的東西，你或許視為理所當然。請在你提供的方案裡面尋找隱藏的故事，揪出讓大家感到興奮或是好奇的點。以下列出我多年來用過的一些鉤子：

- 「叛逆房地產經紀人」：用來銷售我教大家如何在fsbohelp.com上自售房屋的書。
- 「房貸仲介吹哨揭發業界弊端」：我用這個過去擔任房貸經紀人得到的故事，來幫我販售房貸產品。整個故事的鉤子是說明吹哨者揪出一些人所做的不法勾當。順便一提，我在這項產品中詳述的一些行為，最終導致了二〇〇八年的金融危機。那並非馬後砲的說法，而是真人真事。我舉報了像是收取額外費用或是背負多筆他們無法負擔的不同利率貸款，這發生在金融危機爆發的十年前。

- 「從破產罹患心臟病住在沒暖氣又屋頂漏水的拖車屋停車場裡，到成為網路的百萬富翁」：這個鉤子成效好壞參半，但仍具有一席之地。

創造鉤子的方式

你要如何創造鉤子？創造的流程既藝術又科學。我會快速告訴你概要，接著列出許多範例，這就是藝術與科學對比的所在。鉤子往往只是一個和你、其他人、類似你潛在客戶的虛構角色有關的單句故事，也可以是一些元素的組合。請你用這種方式思考：一個看似不可能的角色，加上時間、加上結果；或者，一個毫不費力的結果加上時間。這麼說是什麼意思呢？

我們很快地解釋一下單句的故事吧。

「我如何運用簡單的技巧，讓住在拖車屋停車場且破產的我搖身一變，成為成功的不動產投資客。」這是我用來作為販售不動產投資課程的鉤子。

「菜鳥房地產仲介運用在十五世紀發明的祕密，第一年就成交五十二筆。」

你或許會想：「這是什麼鬼？」那就是我用的鉤子，說明每位房地產仲介都需要有一本書。至於這位菜鳥用的是哪種十五世紀的發明？一四四〇年時，古騰堡發明了印刷術。

你很可能會說：「天啊，這也扯太遠了吧。」沒錯，那確實扯很遠，而且扯得好，它找到一個適合那本書又有創意的故事。每個看到上述內容的房地產經紀人都會說：「菜鳥在第一年就用十五世紀的發明成交五十二筆？那是什麼發明？我得繼續看下去。」

我們要的就是這樣。

再舉一個例子：「前披薩外送員告訴你一個能在一週之內變成暢銷作者的技巧。」

我可以用這個鉤子，因為我曾經替達美樂送過三年比薩，所以我就是這個前披薩外送員。我可以在一週以內，教你如何成為亞馬遜暢銷書的作者，我當然做得到。透過社群媒體、你的朋友、限時販售等方式，實際上我可以教你如何在一天之內成為暢銷書作家，但一週聽起來比較酷。

另一個例子：「來和鮑伯見面吧。鮑伯運用了一千六百年前的祕密挽回他的婚姻，我們會告訴你怎麼做。」

到底那個一千六百年前的祕密是什麼，可以用來挽回你的婚姻？你不必在鉤子當中解釋，你用這個鉤子把他們拉進來。

你也可以用公式加入多種元素。我們再來看一個例子，當中包含了看似不可能的人物加上時間再加上結果。

「前工友利用電子書事業讓自己在十八個月當中從破產變成付清房貸。」

那是我可以使用的鉤子。一九八六年夏天時，我在美國的巨人食品擔任工友。早上四點鐘起床，騎五英哩的腳踏車去超市開門，然後在七點鐘開門以前，要獨自掃完與拖完整個店面；我確實也透過販售電子書讓自己付清貸款。我得承認，我在一九八六年擔任工友，而在二〇〇二年付清房子的貸款，我是把兩件不同的事結合起來。不過，我所使用的這個鉤子的確屬實，這樣會引發大家強烈的好奇心。

我們再來看一個例子：「兼職養雞者因為歐普拉與前美國海豹部隊成員在兩個月內減輕三十磅。」

同樣的，這個鉤子也是我自己的故事。兼職養雞者？沒錯，我每天要照顧十二隻雞，也確實在兩個月內減掉三十磅體重。至於這個鉤子的內容，我確實比兩個月前輕了三十磅。歐普拉又是怎麼回事？歐普拉是Weight Watchers裝置的重要贊助者與事業夥伴，而我用那個裝置來控制自己的飲食與減重。至於那位前美國海豹部隊成員，就是我的朋友史都．史密斯，過去五年來他都擔任我的體能訓練老師。

你了解如何將這些元素結合起來作為鉤子的藝術了嗎？看到鉤子的人不禁會想：「真扯！那是什麼？」那是他們唯一的反應。他們的大腦幾乎斷線，於是失去自制，非得知道那是什麼不可。

我們再來看看另一個公式：結果加上時間減掉痛苦。

「不用節食或運動，就能在接下來的三十天內減去所有你想減的體重。」真的嗎？那正是他們想要的！或者他們以為那就是他們想尋求的方法，後來才發現那是用甲基安非他命減肥。

「不用寫任何一個字，就能在三小時之內創造與出版賺大錢的書。」

這也是個很棒的鉤子，而且完全可行。

你要在哪裡使用鉤子，以及如何運用？你可以用在標題上，用在廣告文案中，用在廣告文案的開頭，用在第一段，用在你的故事裡，用在你的平面廣告與社群媒體貼文裡，用在你的迷因以及資訊圖表當中，用在任何你想抓住大家注意力的地方。

這就是鉤子的美妙之處：你可以用在任何地方，隨處可用，抓住大家的注意力，拉他們進來，再前往下一個步驟。

重點整理

- 鉤子基本上就是一個句子的故事，你可以用來抓住別人的注意力，同時引發強烈的好奇心。
- 鉤子本身既是藝術也是科學。
- 你可以用公式結合不同的元素，來創造有效的鉤子。

秘訣
30

創造你自己的廣告文案資料庫

「替自己收集一些好的平面廣告與直郵廣告，大聲朗讀出來，並且動筆抄寫。」

——蓋瑞．海爾伯特

無論你是否聽說過，其實所有稱職的文案寫手都會製作所謂的「廣告資料庫」。什麼是廣告資料庫？當中收集了與「賣東西給別人」有關的所有資料，包括平面廣告、明信片、直郵廣告、型錄、海報、傳單等等。過往主要收集的是直郵廣告、手冊或是其他收到的印刷品。

你為什麼需要廣告資料庫？坐下來撰寫廣告文案時，大多數人很難立刻把開關打開，運筆如飛、順利寫出廣告文案。就好比運動時的一些好習慣（如暖身等），可以讓血液循環、肌肉發熱、活力運轉起來。若想迅速進入寫廣告的心態，最好的方式就是閱讀好的文案。無論是你過去寫的好文案，或是其他人寫的廣告文案資料，請你讀一些來暖身。如果你需要寫標題，最簡單的方式就是閱讀一些標題，讓自己熟悉形式。在撰寫電子郵件、方案以及整封廣告函時也是如此。

這個資料庫有何幫助？你的大腦藉此透過你已知有效的句型來暖機。你不會把無法吸引注意力，或是你知道無效的廣告塞進資料庫裡。

誰該擁有廣告資料庫？大家都該有。如果你把這本書讀到這裡，表示你也需要廣告資料庫。

你要如何保存這些資料？有兩種方式：製作數位的檔案資料夾，或是紙本的。

你可以很快的製作數位廣告資料庫，我也鼓勵你這麼做。看到喜歡的廣告時，請用「螢幕快照」的方式存取，或是儲存整個網頁。我運用TechSmith發明的Snagit軟體，這間公司同時也發明了Camtasia。Snagit軟體讓我能儲存所有的資料，無論是單一影像，或是整個捲動的網頁皆可。我把這些放進資料夾裡的子資料夾，其中包括平面廣告、標題、喚起行動、故事、條列式要點等等。每當我想要暖身，就會迅速瀏覽硬碟當中的這些縮圖。

紙本檔案我則會放進牛皮紙文件夾當中，分成電子郵件、標題、廣告函、自己的廣告、別人的廣告儲存。有些東西我甚至會用活頁線圈裝訂起來。但你不需要這麼做。那該如何使用呢？你可以在每次撰寫文案的當下，將檔案中的資料當作啟發靈感的材料。如果需要撰寫標題，就去看標題檔案中的資料；要寫條列式要點，就去看條列式要點；要寫廣告函，就去看廣告函。

最初我製作Funnel Scripts時，是用來當作自己的互動式廣告資料庫，並沒有打算要販售。那是我用來創造內容或是網路研討會文案、特價方案、產品發表、電子郵件的祕密武器。原本會花我二到四小時甚至好幾天才能整理好的資料，現在只需十五到二十分鐘左右。我那時覺得用這個軟體就好像在作弊一樣（現在也還是）。

大量收集、馬上動手製作

你什麼時候該擴充廣告資料庫呢？答案是，只要你覺得有東西抓住你的注意力時，就這麼做吧！我記得在維吉尼亞州威廉斯堡的Books-A-Million書店裡前幾排書架上，看到一本電玩雜誌，其中一個條列式要點寫著：「你不該知道的《俠盜獵車手：罪惡城市》祕密」。我腦中立刻把《俠盜獵車手：罪惡城市》替換成電子書行銷。因此我用了「你不該知道的電子書行銷祕密」作標題，讓網站的營收達到六位數。我還記得那本雜誌的封面是一個女人吃著棒棒糖的卡通畫，相當撩人，抓住了我的目光。

每次看到值得注意的東西，就用你的智慧型手機拍下來，用電子郵件傳給自己，並且存入自己的數位廣告資料庫中。現在要創造與維護廣告資料庫再簡單不過了。

最後，你什麼時候該開始製作廣告資料庫？答案是「現在」！因為你沒有廣告資料庫，就會讓自己處於相當不利的劣勢當中。你當然可以使用Funnel Scripts，我也非常鼓勵你這麼做，不過擁有各類的廣告資料庫，包括部落格文章標題、簡介、整個段落，或是其他在撰寫文案時用得到的部分，都能幫你縮短流程，省下許多時間。

到此，我就回答了「誰、什麼、為何、何時、何處、如何」擁有自己的廣告資料庫這組問題。如果你還沒有廣告資料庫，你真的需要製作一個；如果你已經有了，就好好利用吧！

重點整理

- 廣告資料庫能讓你撰寫廣告文案的腦汁暖機與活動，就像運動時的暖身一樣。
- 廣告資料庫中可以包含任何能抓住你注意力且有效的東西。
- 你的廣告資料庫不需要按照特定行業分類。我經常把從電玩雜誌獲得的靈感運用在自己的事業上。
- 如果你還沒有廣告資料庫，就趕快製作一個。如果你已經有了，就好好利用吧。

秘訣
31

擦亮你的廣告文案

「他說：『完成你的初稿再來談。』我過了許久才明白那個建議有多棒。即使你寫得不好，也該把初稿寫完，至此你有了一份具瑕疵的完整文案，你才會知道應該修正什麼。」

——多明尼克·鄧恩（Dominick Dunne）

親愛的，讓你的文案閃亮動人吧！說到賺錢這回事，大家就會對你的廣告文案挑三揀四，論斷文字品質。請檢查文法、拼字、標點、格式，確保別人閱讀、觀賞、聆聽時，不會突然聽到你說了蠢話變豬頭。無論我們喜歡或同意與否，凡是出現錯字、文法錯用，或是任何內容和排版的錯誤、分行的方式怪異，都會讓大家對你產生負面評價。

如果你沒有花時間替你的銷售訊息校稿，你要如何說服顧客你的產品很優質？如果你銷售的是資訊、訓練、教練的課程，大家會藉由你的文法、拼字、標點、格式來判斷你的專業程度。真的是如此，請你不要太過自大，認為那沒關係——關係可大了。

瀏覽不同平台下的廣告模樣

請務必利用不同的瀏覽器檢視你的廣告文案或影片看起來如何，例如Chrome、Firefox、Opera、Internet Explorer等等。你必須了解文案在這些瀏覽器中看起來如何，至少播放一次影片看看。

我最早是在一九九六年剛開始經營網頁設計的事業時，學到這個教訓。我替一位房地產經紀人製作的網站及廣告，在我的螢幕上看起來都很完美，因此興匆匆地開車到他家，在他的電腦螢幕上把檔案叫出來，結果慘不忍睹。瀏覽器的背景是灰色的，加上他的螢幕解析度和我的不同，照片因此看起來很糟糕。那件事情真的讓我很難堪，也體認到：「我的天啊！我差點失去那位客戶，就因我沒有先檢查別人看到的頁面是什麼樣子。」

從那天起，我每次都會在不同的瀏覽器上檢視我的文案。每次只要忘記檢查，都一定會出包。你務必要檢查看看會是什麼模樣。

你也該在不同的作業系統上檢視廣告呈現的樣子，包含PC、MAC、iPhone、iPad、Android、Linux。為什麼呢？因為訊息與文案在別人的裝置上看起來是什麼樣子，不是他們的錯，而是我們的錯。如果看起來很棒，我們可以居功；如果看起來很糟糕，我們就要負責。請在你想得到的不同地方，都看看文案呈現的樣貌，才不會因為看起來很糟而毀了你的文案。

快速瀏覽也能掌握銷售訊息

接著你要檢查「第二閱讀路徑」。文本的第二閱讀路徑，是指你迅速瀏覽文案時看到的內容，是否能就此獲取基本的訊息。閱讀標題、子標題、附註，這都是長篇廣告文案或紙本廣告的第二閱讀路徑。大家都慣於瀏覽而非逐字閱讀。

你能在閱讀標題、瀏覽子標題、掃視粗體字與圖片，以及閱讀附註之後，抓住銷售訊息的概要嗎？如果沒辦法，就必須進行修正。當大家用第二閱讀路徑瀏覽時，你的文案應該仍要具有說服力才行。

靜音測試你的影片廣告

有件事我敢說大部分的人都不會做，就是在靜音的狀態下觀賞你的廣告影片。在這種情況下，仍然有效嗎？我現在似乎可以聽到從書裡傳來的哀號聲：「我的天啊！為什麼會有人在沒有聲音的狀況下看影片？」臉書上的影片在自動播放時都是靜音的。

你必須替影片加上字幕。從現在開始，你所有的廣告影片都應該加上字幕，這樣別人在沒打開聲音的情況下看影片時，仍然可得知廣告的內容。

再提醒一件與自動播放影片有關的事。我在書中一個秘訣當中提過，網路世界已對自動播放影片宣戰；Chrome目前領先一步，未來其他瀏覽器可能也會跟進。如果你的影片預設聲音開啟，Chrome就會讓影片暫停，不會自動播放你的影片，即使你設定自動播放也一樣。

另一個你得確定影片無聲也能發揮效果的原因，在於許多人是工作時看到你的影片，當下並無法打開聲音來聽。他們坐在自己的辦公桌前，電腦沒有喇叭，即使想聽也聽不到影片的聲音！

請別人幫忙檢查

現在，請你去找第二雙眼睛來檢視你的廣告文案、確認廣告影片。這個人能幫忙是否有錯字、文法誤用，或是影片播放的各種問題，例如無法播放或是運作不正常。請別人用他們的電腦來檢視你的銷售訊息，藉此抓出一些技術問題，是最有效的作法。

有個故事是關於某位經常把廣告信給朋友看的文案寫手，他的測驗方式是，如果朋友沒有想買廣告文案當中的東西，他就會回去重寫文案。這個概念在於你的文案必須好到當你拿給別人看的時候，他們要是說「嘿，文案很棒」，就表示文案糟透了；唯一可接受的回應，是他們看完文案之後會問你：「這東西要去哪裡買？」

但如今這個故事就某種程度而言，可說是都市傳說了。除非看你文案的人處在你的目標市場當中，否則他們就沒有購買的理由，因此以這種方式做測試，很可能是不智之舉。

相對來說，如果你有能夠安心請教的客戶，而且他們在看過你提供的文案後，問你說：「這東西看起來很棒，你什麼時候會上市？」那就是個好兆頭。不然在其他狀況下，你很難找到會那樣回答的人來證明這是一份好文案。

讀來要周全又順暢

此外，請不要沈浸在「亂槍打鳥、試試什麼有效」的想法中。在網路上運作的一切，時間的確是常比周全與有條不紊更重要，可是你運用的語言並非因此不重要，文法、拼字、標點、格式也很重要。不要等你踢到鐵板，才說那些沒有回應的人很蠢——他們才不蠢，他們是你期盼能夠掏錢給你的人。

最後，說到擦亮你的文案，請思考一下「滑順」測試。當有人開始看你的廣告訊息時，你會希望他們全部都看完，最後毫不費力地進到繳錢入庫階段。請你從這道銷售滑坡的起點閱讀你的文案。文案裡是否有任何視覺、文法的東西不太對勁，看起來、聽起來卡卡的？你的文案應該像對話一樣，隨著思緒流轉而連接，其間不該有怪異的停頓或讓人感覺刻意為之。文案每個部分是否都順暢地接到下一個部分？在每個部分的結尾處，是否都能順利連接到下一個部分？如果沒有，請你順一下文句。

就是這樣，這就是讓你的文案閃亮動人的訣竅。

重點整理

- 大家會用你的格式、形式、文法、拼字、標點等等論斷你，重要性不亞於文案的內容。
- 請找第二雙眼睛來檢視你的文案，抓出當中的錯誤。
- 請務必讓你的第二閱讀路徑言之有物，大家即使是瀏覽你的廣告文案，也能抓到有說服力的銷售訊息重點。
- 在靜音的狀態下觀看影片。你還會買單嗎？

BONUS 關於廣告文案，你還必須知道的其他事項

我們已經在書中的各個秘訣當中，提到了許多很精彩的內容。但在這本書結束之前，我要額外列出一些問題，這些是每次我教授文案撰寫秘訣時，經常會被問到的問題。

Q 文案寫作和一般寫作的差別是什麼？

差別在於你的目的。你寫作的目的是什麼？是想娛樂別人嗎？你只想要傳達資訊，還是想要別人採取特定的行動？

文案寫作是要引導大家採取特定的行動。那項行動可以是點擊連結、買東西、填寫表單、報名參加、請對方來電、致電給對方。你從這個角度來思考，就會發現屬於文案寫作的東西遠

超過你原本的認知。

部落格貼文屬於文案寫作。臉書貼文屬於文案寫作。Instagram貼文屬於文案寫作。甚至當你以某些方式運用迷因時，也屬於文案寫作。

如果你創造了內容，目的是要讓別人點擊連結、前往特定的網頁、索取資訊、填寫表單、報名參加、請對方來電、致電給對方，那麼這些都屬於文案寫作。

因此，我認為你應該拓展文案寫作的定義，把你平常在做的事視為文案寫作，而非只有寫作或是創造內容而已。

Q 文案寫作的藝術／科學在近幾年來有多少改變？

那是個有趣的問題。我能夠回答的時間範圍，只有從我開始在銀行撰寫廣告，讓法遵部擔心的時候開始到現在，這段時間總共二十五年。

最重大的改變是現在別人會給你的時間沒有以往多。在過去，你可以多提供一些資訊，也能夠讓別人持續注意你。如今在網路的世界裡，你只有幾秒鐘的時間去抓住大家的注意力，以及維持他們的注意力。

其次，好奇心似乎比過去更為重要。我認為那與你能不能抓住並持續獲得他人注意力的時間有關。因此，你必須更迅速刺激大家，把他們拉進來，也得更快切入重點。

至於有什麼是不變的呢？你仍在解決大家的問題、滿足慾望，告訴他們你能幫助、使情況好轉。我認為這點永遠不會改變。請回頭再看一次秘訣三當中大家購買的十大理由。那是我文案寫作生涯當中的重大轉捩點。如果我知道大家為何想購買，就不會做概略性的介紹，這點能作為我撰寫時的焦點、過濾器、框架。

Q 就你來看，什麼會讓文案好到他們無法拒絕買單？

簡短的回答就是，你的文案讓他們相信能從你販售的東西中，獲取想要的結果。如果他們相信那些能解決問題，慾望能得到滿足，能賺錢、省錢、省力、省時間、脫離痛苦等等，他們就無法拒絕買單……前提是他們相信的話。

追根究底就是要讓他們上鉤，要有情感上的吸引力，也要能證明你提供的東西不僅適用在你身上，也適用在他們身上。那就是大家在腦子裡會進行的檢閱清單：第一，這個有效嗎？第二，這對其他人也有效嗎？第三，我相信這會對我有效嗎？

有時候你只需要進行簡單示範，對方看到產品如何發揮效果，就會相信他們可以那樣按下按鈕，或是用那個方式運用產品。有時候則相當複雜，必須進行適當的個案分析，運用正確的措辭，並用資料來支持你的說法。

但主要還是在於大家在腦中進行的檢閱清單。「我相信這有可能發揮效果嗎？」、「其他人也獲得成果了嗎？」、「我相信我也能擁有同樣的效果嗎？」簡單來說就是如此。

Q 我應該在製造、創造、生產產品或服務之前，就先撰寫文案嗎？

我想你應該盡可能先創造完美的方案，再創造你想要銷售的任何產品。

你替已經存在的產品撰寫文案時，批判的大腦就會介入說：「能夠做到那點嗎？」或者，如果你提出有關某樣東西或提供資訊的主張，你就會想：「沒問題，我想應該做得到，但是不是太誇大了？」

這些想法會讓你的文案變得模稜兩可；其實這說得委婉了，實際上是因為你擔心產品達不到承諾的結果，在文案裡就說得比較保守。因此我非常支持先創造出最終的方案、最好的廣告文案，再發明能夠符合描述、甚至超過標準的產品。讓文案變成創造產品的藍圖，而非是產品的規格說明書。

如果你要推出的是資訊產品或訓練，那就相當容易，你可以在廣告文案中詳述一切，接著記得教會大家你承諾的內容即可。不過實體產品依舊能夠做到這點，你必須要設計最終大家會買單的東西，然後在現實世界以實體產品的方式呈現給大家。

那麼，你是否會遭遇任何限制，尤其是實體產品呢？或許會。不過隨時退一步說「或許我們必須微調一下文案的這個部分」會容易許多。你也可以說：「你知道嗎？我要盡全力做到這點，我們會想出辦法達成。我們來改良產品，讓它能符合當初的承諾！」

這是讓產品能夠狂銷的優質策略。如果你先創造產品提供的承諾，寫好了廣告文案、廣告函、廣告影片，接著才製作出資訊產品，整個流程會簡單許多。你只不過是先創作出最終方案，之後努力實踐。用在軟體上也一樣，你最好先創造軟體的廣告文案再研發，這樣會迫使你納入所有利於銷售的必要特色，並帶給你力量與目標來抵抗工程師難免提出的建議：「如果刪掉這項功能會好開發得多。它很重要嗎？」如果你已將這項功能納入公開行銷計畫，你就可以說：「對，它是必要的功能，讓我們做出來吧。」

你也可以用同樣的方式來處理服務型產品。你要賣掉服務之後才會提供服務，因此你必須在文案中讓服務看起來非常棒，接著才根據你銷售時的承諾提供服務。

Q　我要怎樣才能迅速寫出好的文案？

答案就是「練習」。要迅速精通某件事的方法，就是去嘗試。剛嘗試一定做不好，慢慢就能做得好，之後會做得更棒。要做得很棒的唯一方式，就要先做得好；要做得好的唯一方式，就必須先做不好；要做不好的唯一方式，就是要先嘗試。

我建議每天都撰寫或創造一些文案，但別擱著它們生灰塵。放上去給大家瞧一瞧，看看你會獲得什麼回應。大家在想什麼？大家在做什麼？或者什麼都不做？你能夠進步的方式，就是看大家是不是會願意付錢或報名，或是點擊連結、打電話等等。

這就是你必須做的事。如果你想做得好，必須先做不好；在你做不好之前，你必須先嘗試，那意味著端出你的文案，試著讓大家採取行動，接著衡量結果與觀察——觀察「我做這個的時候，會發生這件事；我微調這個的時候，會發生這件事」。那就是你進步的方式，最後會形成向上的螺旋。

Q 你花了多久時間才變成文案寫作專家？

我撰寫文案的時間超過二十五年，但我並非撰寫文案的專家。我認為自己擅長的是銷售。從你自認為是專家開始，就不再會提問。但在銷售的世界當中，你必須不斷提問，你要能夠說：「等等。現在什麼才是有效的？什麼已經無效了？」你必須留意當下正在發生的事。你要問像這樣的問題：「我想知道如果我們試試這個，結果會如何？」那些似乎是會讓我們繼續前進的問題，看看什麼有效、什麼無效，並請嘗試許多新東西。切記，嘗試做出不好的，接著才會有好的，再來才有很棒的東西出現。你很少能做出很棒的，但做出好東西也足以讓你賺錢了。

此外，請你從「我如何能夠助人」的立場出發，而不是「我如何能夠將東西賣給別人」。

以下是很棒的自問：「我如何能夠把價值增加到別人願意買單，讓他們覺得不得不付我錢？或是覺得沒付錢的話相當過意不去？」。

請你務必特別小心，不要認為自己是任何方面的專家，最好自認是文案寫作的學生。你要花多少時間才能成為真正的文案寫作學生？答案是，你只要下定決心，立刻就是文案寫作的學生。

對於向外宣稱自己是任何方面的專家這件事，你必須特別留意。我認為自己真正稱得上是專家的，就是犯錯這方面，我擅長得不得了。至於其他方面，我則是努力去當個好學生。

Q 你要如何針對超級無聊且沒有明顯目的導向機會的消費性商品撰寫廣告文案與頭條，例如刷卡機的感熱紙捲？

這確實很無聊。我要你想想必須購買這種商品的可憐傢伙。我提出的問題是：「可以與什麼樣的情感產生連結？」請你想想刷卡機的感熱紙捲或其他同樣無聊的東西，大家對這類東西有什麼感覺？有什麼讓他們覺得不開心或非常生氣的？他們會作什麼有關的白日夢？這種商品會出現什麼問題，讓狀況更為糟糕？

這讓我想起我和房屋保險業務員之間一面倒的對話。我和那個人見過一次面，簽完所有文件，共有三棟房子、四輛汽車、一艘船、一台四輪驅動車、一台曳引機，以及一份總括責任保險單，保單金額相當大。後來我收到一封保險公司直接寫來的信，而不是那個保險員寄來的；信中提到取消了我其中一棟投資用房屋的保險。

我打電話去問他：「公司為什麼會這麼做？」那是個很蠢的錯誤，很容易就能修正。我對他說：「你的工作就是別讓我注意到你的存在。我不應該顧慮要怎麼跟你打交道，不應該擔心承保的範圍以及保險是否能夠生效，不應該聽你對我講一堆藉口。」

他說：「你是什麼意思？」

我說：「你的工作就是別讓我注意到你的存在，僅僅如此。出事時我知道可以找你服務，但你平常不該給我出任何一點紕漏。」

我這樣做確實脾氣不好，但他們寄信告訴我取消其中一棟房子的保險讓我相當火大，因為過去十五年來，我每年都繳付一萬美元的保費。

我會說這個故事的原因是，如果那個東西很無聊，或許你看待的角度就該是：「我們會做好份內的工作，不會惹你生氣，讓你日常生活時可以少一件要擔心的事。」或許這個文案就要針對那個東西很無聊去寫，在這方面作文章。你可以說：「你知道嗎？大家最不想遇到的事，就是收銀機前有十個人在排隊，結果信用卡刷卡機紙捲出現紫色線條。你伸手去拿替換的紙捲，發現一捲也沒有，這才想到要去買感熱紙捲。那就是你最不希望去想信用卡刷卡機紙捲的時候了。」

此外，也請你激發他們早該注意刷卡機紙捲問題的情感。這點相當值得探討。你要去尋找情感，尋找故事，尋找個案研究，尋找讓產品不無聊的方式，接著讓潛在顧客知道如果沒有這項產品，就會有大麻煩。用這點引導他們購買。

Q 我要如何在「這與你有關，而且你買了這項產品之後會變得很好」，以及「我的東西真的很棒，你應該要買」之間取得平衡？

在還沒提到他們與他們的問題，他們與他們的未來，他們與他們的慾望、希望、夢想之前，你最不該做的就是提到你與你的產品。你應該要從他們開始。無論運用之前↓之後↓橋樑的方式，問題→煽動→解決的方式，或是好處①→好處②→好處③，然後做這個的方式，道理都一樣。一切都要從他們開始，再轉移到你的產品、服務、軟體、資訊如何幫助他們獲得更多想要的東西，減少他們不想要的東西，或兩者皆有。

你要用他們作為開頭，故事要與顧客有關，廣告文案也與他們有關，就是要這麼做。你不要從說自己的故事開始，而是要說和他們有關的事。這就像是托比・凱斯（Toby Keith）的歌詞：「我通常想說你、你、你、你的事，但偶爾我想要說說有關我的事。」你提到他們的部分應該要多過你自己許多，尤其在廣告文案的開頭處更是如此。

Q 基於恐懼的負面標題／文案內容的轉換率，會高於正面標題／文案內容的轉換率嗎？

如果你說的是冷流量，負面的標題或是與恐懼有關的標題，在他們腦中對話裡圍繞著問題或痛苦的標題，轉換率通常都會比較高。為何如此？因為這比較能抓住與維持他們的注意力。切記，冷流量是那些知道自己有問題，但不曉得有沒有解決方案的人。此外，他們也

（還）不認識你或你的產品。

我們提到溫流量時說過，他們是在尋找解決方案的人，知道在某處一定有解決方案。此時你不能用恐懼作開頭，因為他們想找的是解決方案。你撰寫的標題必須圍繞著解決方案，這樣他們才知道已經找到想要的東西了。

至於針對熱流量，你不僅要提到解決方案，也必須提及自己與自己的產品。他們已經知道你是誰以及你提供了什麼，你要做的就是讓他們立刻做出購買的決定。

針對溫流量與熱流量，你可以採用重點成交法，這樣說：「現在，這個方案無法提供給所有人，我們要找的是想要……的特定人士。」他們會想：「哇，等等，你是說這並非每個人都……？」

這種作法現在非常受歡迎，被稱為「害怕錯過」的方式。你融入害怕錯過的恐懼，這就是你接下來可以在廣告文案中運用的負面內容，藉此喚起大家的行動，因為他們害怕會錯過。

Q 要如何把客戶無聊的方案變得迷人？

我很喜歡這種說法：變迷人。把方案變迷人的首要方式就是情感。你之前或許聽過這種說法，這再正確不過了。大家會因情感而買，再用邏輯使之合理化。因此若你能增強對方的熱情，就能增強購買力。

我看到大部分人的廣告文案都在說特色，有時會提到好處。但他們很少提到意義，這就是情感的所在。

尋找意義以及情感，並予以強化。請放大音量，去推或拉他們。情感會創造動作。

Q 我任職於戒癮界，客戶常常非常痛苦、愧疚和恐懼。我要如何讓大家買單，卻不過度逼迫他們？

你可以做許多事，我的建議是運用未來模擬，它會提出這類的問題：「如果不戒酒，你未來的生活會如何？」、「如果不停止吸毒，你未來的生活會如何？」、「如果你持續做這件事，對孩子會有什麼影響？」、「在未來的兩個、三個、四個、五個、六個月當中，你的婚姻會如何？」、「你還能維持婚姻嗎？」、「你會流落街頭嗎？」不需要過於咄咄逼人，就能讓情感強到令他們想尋求協助。

你可以做的另一件事，就是直接談論他們的處境。「嘿，你是否有酗酒的問題？沒錯，很多人都有這樣的問題。我們開門見山來談談吧。如果……那會發生什麼事？又如果……呢？」接著你轉移到：「這種情況還滿慘的。對，那真的很糟糕。現在，我還想問你一些問題。如果讓這種情況獲得控制，會怎樣？如果你戒酒，會怎樣？如果你不再吸毒，會怎樣？如果你不再虐待你的配偶，會怎樣呢」

請你描繪拉他們一把之後的願景，接著提到這是產品、這是承諾、這是解決方案。「好消息是你已經跨出了第一步，就是你知道自己需要協助。因此你要做的事，就是先從動手開始，這是最困難的一個步驟；當你按下那個鈕之後，你就可以微笑，因為你已經開始踏上康復之路。」

請帶領他們踏上這段旅程。如果他們非常愧疚，你就讓他們覺得更愧疚，但接下來你要幫助他們脫離愧疚的情感。如果感到恐懼，你就強化恐懼感，接著再幫助他們脫離恐懼。如果愧疚已經相當深了，他們就會採取行動；如果恐懼的情感夠強烈，他們就會採取行動。你必須強化情感，接著告訴他們如果不改變會是什麼狀況。在你做了這件事之後，下一步就要抛出救生圈，告訴他們：「嘿，生活不用如此。我想讓你看看如果我們能夠好好處理，那麼不久之後的生活會是如何。」這是我處理這類狀況的方式。

Q 我要如何確保自己的文案在漏斗當中能夠逐步進行，前後一致且沒有重複？在每個階段當中，要用多少同樣的語言？

這點相當耐人尋味，因為這是我經常看到的現象。大家知道他們需要到達頁面、一些電子郵件、確認頁面，以及單次方案的網頁。他們在漏斗當中看見這些不同的頁面，認為所有的廣告頁面都必須不一樣。然而，你想要傳達一致的訊息、想運用相同的字詞。有趣的是，你的電子郵件可以和廣告文案運用同樣的語言，頁面當中運用的字詞可以和廣告影片裡面相同。

請不要重新創造文案，請重複運用同樣的文案。他們看到越多次，就會越熟悉，對那些強化的訊息也感到更自在。

另一件事，就是要確定你從確認頁面或是單次方案頁面轉換到價格較低的產品頁面時，風格上必須看起來完全相同——顯然客戶還在同樣的網站上，顯然對他們說話的是同一個人，顯然這是同一次對話的一個部分。

在漏斗甚至是廣告、電子郵件的開頭，或是其他吸引流量的方法，整個風格都必須看起來相同、讀起來相同、用同樣的方式運作。從頭到尾都必須一致，運用同樣的文字與圖片，整個風格也必須看起來一致，否則會造成混淆，可能造成不安。

Q 在文案中運用當地方言有什麼技巧或價值嗎？最近有人說我的專業文案無法打入千禧世代客群

提到進入客戶腦中對話這件事，意味著要運用他們使用的語言，否則你用的語言就不恰當。所以你獲得的建議很棒。你必須運用客戶會用的字詞。這很可能是當地的方言，或是某些流行語、關鍵字詞、片語，讓他們知道你是直接在和他們說話。你不希望他們覺得你高高在上對他們說話，反過來也不行，你別像個白癡誤用那些字詞。

相當重要的一件事，是你要運用那些字詞，但必須用得真切，不要太過火。要針對千禧世代的客群，就不該寫出像十三歲小孩說的話，也不該像個五十歲不清楚狀況的大人。偶爾放入一些流行語、關鍵詞或片語，讓大家知道你真的了解他們。與其拼湊俚語或當地方言，不如去確定你使用了他們會用的字詞，才能夠讓文案發揮效果。

Q 為何有些字詞與片語和某些人特別能夠產生連結？

最能產生連結的用字，就是客戶所使用的字。如果你用了他們不用、不懂、無法認同的字詞，你就無法和他們產生連結。

另外，如果要和他們產生更緊密的連結，你可以在標題當中運用動詞。為何要在標題中使用動詞？因為動詞能夠在內心創造圖像，迫使大家去想像。

這裡很快舉個例子：「你要如何撰寫與出版能夠賺大錢的電子書。」「如何撰寫」以及「出版」讓你會去想像那個畫面。現在請你想想另一個標題——「如何成為出書的作者。」這就有點比較難想像。這與主動及被動的用法有關，請你用Google搜尋主動與被動寫作。主動寫作運用主動的動詞；被動寫作運用被動的be動詞等等。這種表示狀態的be動詞不會讓人在腦中出現動作，還會覺得有些冗贅與不清楚。主動語態清楚而直接，不會拐彎抹角，迅速就能掌握訊息。有關主動與被動寫作的課程相當多，請去搜尋這些課程，我相信一定有些免費的相關課程。

還有一件事，運用文案連接用語，就是一段文案與另一段之間的連接用語。那是什麼意思呢？請注意我用的短句「**那是什麼意思呢**」。我來解釋一下。「**我來解釋一下**」這又是另一個文案的連接用語。請利用這類短句來連接不同部分的文案。

另外一個就是「**例如**」。例如……在你使用條列式要點介紹解決方案時，可用下面這類的轉折用語：「在這個時候，你很可能想知道，我要對誰說我能夠幫助你寫書？」那就是文案的連接用語，接下來你就可以告訴他們，或是向他們介紹你自己以及你過去的成就。這麼做之後，你就能運用像這樣的連接用語：「不過不要只聽我說，來看看這個吧。」或者你也可以說：「但我不是唯一的……」這樣的連接用語能夠用來連結文案中的使用者見證或個案研究的部分。

「那麼，這時候你也許很想知道這要花多少錢？」這句話可以用來介紹價格，提供折扣。接著你可以說：「不過在你做決定之前，讓我再放送一些好康，」進而提供些許額外的贈品。接著你要從紅利的部分，進入最後喚起行動或承諾的部分，假設你提出承諾：「現在，你百分之百能夠獲得我們退費的保證。」承諾之後，你可以說：「決定權掌握在你手中，現在該是採取行動的時候了。」接著就進入重點摘要的部分。最後，你很可能會用：「噢，再說一件事，」這類的連接用語在整篇文案的最後用附註的方式說明：「現在就是做出選擇的時候。」

如果你把整篇文案當作長篇的對話，就是以上這些，這就是讓文案能夠順暢進行的方式。

有些人跟我說，他們不會閱讀長篇的臉書貼文。我想知道是因為貼文很長，還是他們本身與內容沒什麼連結？無論你說的是臉書的長篇貼文、長篇文章、較長的廣告影片、長時間的網路研討會、長篇廣告函都一樣——有興趣的人會閱讀、收看、聆聽，沒有興趣的人就不會去碰。有效地鎖定你的客群，讓對的人看到你的訊息。

如果沒有人閱讀你的長篇貼文、廣告函，收看或是收聽較長的廣告影片，那麼若非你鎖定的客群錯誤，就是廣告文案很糟糕，這時你就必須縮短篇幅。不要因此覺得心情不好，動手修改吧！這是讓廣告文案變好的一個過程。如果還是行不通，不要為了努力讓文案奏效而說：「我們還要刊登更多廣告。」或許你需要修正鎖定的客群。如果無法奏效，那麼你必須說：

「你知道嗎？讓我們試試不同的東西，來試試篇幅短一點的，試試看不同的步驟，試試不同的頭條，試試不同的方案，我們來試試不同的喚起行動。」就試試看不同的東西吧！

請不要自怨自艾，說：「嗯，這樣行不通。我一定不擅長寫廣告文案，長篇文案行不通。」不是這麼回事，而是你的長篇文案行不通，那是不同的兩回事。你就承認自己的錯誤吧！試試別的方法，看看你能否得到想要的結果。如果有些人對你說他們不看臉書上的長篇貼文，那很好。他們屬於你的目標客群嗎？他們買了什麼嗎？請思考一下是誰說了那句話。

Q　你要如何迅速又簡單地在廣告文案中運用好奇心，同時又不會惹惱大家？

請不要用和你的方案或廣告文案內容無關的方式引發好奇心。最經典的例子是在標題當中用斗大的字寫著「性愛」，文案內容卻說：「好的，我引起大家的注意了，現在我要來說說世上最棒的洗碗精。」除非你提到獵奇的性愛，否則洗碗精根本和性愛無關，最後會惹得大家火冒三丈。

用好奇心引誘上鉤再轉移主題，是惹怒大家的好方法，請不要這麼做。請運用好奇心讓大家感到更「飢渴」、更興奮，對你銷售的東西與銷售訊息更有興趣。好的例子應該類似：「你有辦法在三小時之內寫一本書嗎？那有可能嗎？信不信由你，那是真的，完全是做得到的事。讓我告訴你怎麼做。」那就是引發好奇的方式，而且是真實的。

你可以提出一個看似不真實的問題，用「如果」的方式開頭提問。「如果你總共只花三小時，就能夠擁有出書作者的身分，會怎樣？那是一件很酷的事嗎？信不信由你，那是真的，我可以證明給你看。」那樣就能讓大家對你的文案有興趣。你可以用看似不可能、實際上卻能證明做得到的問題開頭。

附帶一提，透過提問，就可以避開臉書或是Google的審查，因為你是在提問，而非提出說法。

請你用目標客群想要的東西包裝他們需要的東西，藉此引發共鳴。大家會買他們想要的東西，很少買需要的。例如：「我想要最新的Xbox遊戲。」、「我想要減重，但我需要吃健康的食物。」、「我想吃起士漢堡的慾望比減肥還更強烈。」問題在於大家會買他們想要的，但好消息同樣也是大家會買他們想要的——你只要賣給大家他們想要的東西，並且把他們達到目標需要的東西包含在內即可（如果他們願意採取行動的話）。

無論他們想要什麼，都賣給他們！但請把他們需要的東西納入其中，這樣他們就能夠獲得真正的成效。只不過，你在廣告文案中不必提到他們需要的東西，因為他們根本不在乎！

Q 要如何讓大家專注地閱讀我們的文案？

- 使用圖片讓他們往下看。
- 用條列式要點把文字分開。
- 不要寫出超級長的段落，最多不超過兩行、三行、四行。我撰寫網路上的文案時，通常一行就是一段。
- 文案流暢滑順。
- 讓文案圍繞著顧客，也就是把重點放在他們、他們的故事、他們的需求、他們的慾望、他們的問題上。
- 請你運用適當的說法，說明你和你的產品對他們有什麼好處，如何能夠幫助他們，如何讓他們變得更豐富，如何能改善他們的生活，如何減輕他們的痛苦或是消除恐懼。讓一切都圍繞著他們，不要停下來，也不要自顧自地說個沒完。

● 說出意義，並且把重點放在情感上。

Q 你撰寫推廣顧問服務與推廣數位產品的廣告文案時，是否會運用不同的方式或範本？

那是個有趣的問題，因為大家都會認為：「我的產品不一樣。我的市場不一樣。我的狀況不一樣。你教授的一切可能在其他方面有用，卻無法用在我身上。」

你必須先瞭解一件事——大家都是人，都會買東西。無論你是用企業對企業，或企業對消費者的模式銷售，買單的永遠是人。人會因為情感而購買，並且用邏輯讓購買合理化。他們想要滿足慾望與解決問題；他們想要獲得樂趣以及避免犯錯。

如果由我撰寫推廣顧問服務的廣告文案以及數位產品文案，我會提到如何運用數位產品解決他們的問題，或是滿足他們的慾望；至於顧問服務的話，我會提到怎麼藉由聘請顧問來滿足慾望或是解決問題。兩者完全沒有差別，你就是向他們說明如何能獲得他們想要的東西。就數位產品而言，他們能透過下載這個以及點擊某些按鈕達到目標；就顧問服務而言，他們能透過打電話給你，讓你在很長一段時間的互動之後解決他們的問題。

方法沒什麼不同，都是問題→煽動→解決，或是之前→之後→橋樑。客戶目前的狀況是「之前」，聘請我們或是購買數位產品的狀況是「之後」，然後把你的顧問服務或是數位產品作為解決方案，搭橋架在之間。接著你說明他們如何獲得那些好處，一種是申購服務，另一種是下載軟體。

Q 文案在頁面上呈現的色彩真的很重要嗎？

答案是對也不對。對的部分是，那意味著讓大家能夠閱讀與吸收，不會令他們覺得困惑或震驚，也不會讓他們的眼睛感到疲勞。你想想，為什麼大部分的書都使用白色或是米白色的紙張，配上黑色文字呢？因為這樣最容易閱讀，也是我們最習慣的方式。

相反的，你很可能聽過：「紅色的標題絕對行不通。」或是「紅色的標題最棒。」請小心這種絕對這樣或那樣的預言。

你會希望自己的文案頁面井然有序、配色容易閱讀，讓大部分人眼睛閱讀起來很舒服，如此而已。

我不知道文案的色彩對促成銷售來說有沒有那麼重要，但若是談到把銷售搞砸，文字的色彩確實很重要。你想惹怒大家嗎？請用海軍藍的底色搭配淡黃色的文字。我向你保證，你有九十九％的機會看到極低的轉換率。

Q 你認為使用好的麥克風與Dragon Naturally Speaking這類的聽寫平台來記錄初稿，接著再進行編輯如何？

許多人很會說故事，但要動手寫的時候就愣住了。理論上，運用Dragon Naturally Speaking和其他聽寫平台是很不錯的辦法。但實際上，我認為這會讓你痛苦不堪。你使用Dragon Naturally Speaking進行聽寫時，必須要記得說段落結束、新的一行、句號、左括號、右括號、上引號、下引號、大寫、新段落、全大寫、剪下那句話等等，那樣會讓你痛苦不堪。結果就會變成你雖然開始說話，思緒卻被打斷了。

如果你想聽寫逐字稿，我建議你使用Rev.com這類的服務，這才是真正的聽寫。這個網站會將錄音內容交由真人負責聽寫。Rev.com的收費為每分鐘一美元。因此，如果是三十分鐘的內容，就會是三十美元的費用。其他像是加強版的Dragon Naturally Speaking服務，這些還堪用，不過是自動化的服務，收費為每分鐘五角。

如果我想要將簡短錄音的內容轉換成逐字稿（六十秒以內），最好的辦法就是用我iPhone的備忘錄功能。不管怎麼說，iPhone的辨識率都高於其他我用過的軟體。你可以用這種方式錄下一小段東西。

如果你突然有某個點子浮現在腦海中，就必須立刻記錄下來。有一次我正在和別人用Zoom開會，討論開發電子郵件後續追蹤的流程。我說：「你知道的，電子郵件內容必須提到……」接著我按下錄音鈕。在五十八秒之內，我說完了電子郵件必須提到哪些內容，然後停止錄音。我把錄音內容送去Rev，他們收我一美元，接著把逐字稿寄給我。我要做的就只有編排格式而已。

我覺得無論你怎麼訓練Dragon Naturally Speaking，結果都很糟糕。請你用iPhone或Rev.com或是真人的逐字稿服務，結果會讓你開心許多。

Q

我的工作是幫助大家解決成癮的問題。是否「脫離上癮」本身就已經是個夠大的障礙了，或者我應該再說得更直接，像是「不再為酒精掙扎」？

和其他方面一樣，在討論脫離成癮的問題時，這是最基礎的第一階，是大家會使用的流行語。「是啊，我必須戰勝酒癮。」問題在於大家對此太習以為常，很難讓他們上鉤。因此我們更進一步，說「不再為酒精掙扎」。這樣更明確一些，並且能夠創造更多情感。但你會想再更上一層樓，進入第三階或第四階：提到摧毀你的家庭，使你的生活一團糟；財務上的崩壞，你所有的錢都沒了；沒有朋友，你的生活很糟糕，人生像是處於懸崖邊。

那麼問題就變成——你要跳下去，或是回頭努力改變現況？

請你務必了解，切勿以任何方式、形式、格式，使用我剛剛所說的內容。我並非提供法律或是顧問方面的諮詢。看在老天的分上，請不要對別人說你站在懸崖邊，只能跳下去或是修正這個問題，因為那種話很蠢。這就是為何我說我不是在提供任何形式的諮詢。

想像一下，那是你該做的事。你必須進入那些情感層面。你必須運用情感，用那些鼓動情感的字詞，那你就能夠售出更多……而非卡在不痛不癢的表層。在這種情況下，你會希望可以觸及痛處、出現疼痛，畢竟真正的痛才會促使他們採取行動。

Q 如果沒有使用ClickFunnels™，Funnel Scripts還能發揮作用嗎？

可以的，你可以運用Funnel Scripts來創造任何文案。你不需要擁有ClickFunnels™就可以做到，不過我們還是推薦你使用。

Q Snagit能夠抓到整個頁面，包含向下捲動的頁面，擷取整個廣告的頁面嗎？

是的，可以。

Q 可以更清楚地說明瀏覽與替代閱讀路徑的廣告文案嗎？

大家在瀏覽時，會先閱讀大標題。他們或許不會看你的廣告影片，但會閱讀條列式要點，也會看看副標，或許還會閱讀你提供的方案，以及產品的圖片。他們會閱讀附註，也會尋找價格。因此這些都必須用符合邏輯的方式排列，讓瀏覽者能夠抓住方案當中的重點。

Q

你是否曾經把之前↓之後↓橋樑，以及問題↓煽動↓解決，兩種方式結合起來？

你當然可以這麼做，尤其在說明「之前」情形時更是如此。「之前」的部分可以包含問題和煽動；「之後」的部分則是描述生活會變得如何，也就是未來模擬；「橋樑」就是你的解決方案，屬於說明產品的部分。

Q

關於自衛產品，因為許多付費導流都會試圖避開與暴力或恐懼有關的行銷，我要怎麼軟化對於暴力攻擊、強暴、死亡等極端結果的恐懼，卻仍然寫出有效文案？

我不知道。我腦中第一個浮現的想法是統計數字，因為大家無法反駁統計數字。如果你能使用美國政府的統計數字，或是其他相關的統計數字，或許你就能利用統計數字來撰寫文案，看看這樣是否行得通。

Q　你是否有一些自己愛用的結論用語？

最簡單容易的結語就是：「現在，這個方案無法提供給所有人，只提供給……的人。」請自行填空，這是很好運用的典型結語。你可以說：「這只提供給充滿動力想要改變生活的人。我們無法持續這麼做，所以限量五十人。」無論賣的是什麼，都可以這麼做。請不要讓方案過度複雜化或是想太多。告訴他們你無法替每個人都這麼做。

Q 在推出廣告文案之後，寄送實體產品給客戶的時間多久算合理？假設你還沒進貨，也在文案裡提到，只是想知道多久算太久

除非我確定一、兩週之內能夠拿到商品，否則我不會開始銷售，最佳狀況是手邊已經有商品了。你把文案寫好了（但實體的商品尚未入庫），不代表你就要刊登廣告與接單。這樣可能會讓你有麻煩。

不過，你可以先測試一下廣告，看看大家是否會購買你販售的東西。先架設好你的整個漏斗，發布廣告，讓大家點下購買按鈕，心裡想著要輸入信用卡資料。但在他們按下最後一個按鈕時，會看到：「目前暫無庫存，請留下您的電子郵件，到貨時會立即通知。」你可以藉由這種方式測試廣告是否有用。

實體產品尤其需要注意，如果你還沒準備好要出貨，請不要接受客戶的付款，當中有太多可能出問題的狀況了。

結語與資源

希望你喜歡這本書！

我寫這本書的目的，就是要幫助你銷售。我得承認這本書與其說是文案寫作書，不如說是銷售技巧的書。這本書當中與銷售有關的內容，遠多過文案寫作，因為在你學會銷售技巧之後，就可以將其用在書面文字與口說內容當中。你學會了如何架構銷售訊息、創造對話，引導對方願意採取行動。

或許你已經看到了這本書的結尾，希望這會是**你的起點**。希望我已經啟發了你，讓你願意提升銷售的能力。擅長銷售，意味著擅長賺錢，幫助別人的同時又能夠賺錢沒什麼不對。這本書也提到了和潛在客戶清楚地溝通。你當然希望這三種技巧（銷售、賺錢、清楚溝通）成為你的一部分。這會讓你生活當中的各個面向都大為不同。

請將本書中的秘訣應用在文案寫作裡，創造更高的銷售量。請你在過程當中維持真誠；幫助別人，讓他們的生活也有大幅度的改變，那對所有人來說都是雙贏的局面。

最後，如果你跟我一樣喜歡工具與捷徑，請務必試試看Funnel Scripts。這個工具讓你簡單按幾個鈕就能創造廣告文案，幾乎什麼都能銷售！

文案寫作資源

- **新工具**：請你前往https://www.CopywritingSecrets.com/resources以獲得完整與最新的文案寫作工具、技巧、資源，幫助你賣出更多……無論你賣什麼都一樣！
- **Funnel Scripts**：如果你只花別人十分之一的時間，就可以自動撰寫所有的電子郵件、廣告函、平面廣告、廣告影片等等，會是什麼情形？如果你能了解古今傑出文案寫手的概念，立刻運用他們的祕密，會是什麼情形？嗯，你可以做到這點，這個工具叫做Funnel Scripts。Funnel Scripts就是自動化按鈕式的終極廣告文案資料庫，讓你不管銷售什麼，都足以創造出你需要的成功廣告文案！請前往https://FunnelScripts.com以了解訓練及示範教學。

- **ClickFunnels：**ClickFunnels是把你的廣告文案放上網以進行銷售、增加訂戶、建立事業的終極工具。無論你販售什麼，ClickFunnels讓你在網路上刊登文案，接著，開始賺錢這件事變得超級簡單，你不需受制於技術人員，或學習複雜的HTML語法，只要你會複製貼上、拖曳與放置，就可以運用ClickFunnels開始迅速刊登廣告。
- **Presto Content：**就像Funnel Scripts幫助你創造廣告文案一樣，Presto Content能幫你創造內容。你需要寫文章或是部落格貼文來推廣自己的事業嗎？你要製作臉書直播或是YouTube影片嗎？你的事業需要授課、舉辦研討會，或是創造其他內容來進行銷售嗎？那麼Presto Content就是你所需的！只要按一個鈕，就能自動產出創意成品。
- **TheJimEdwardsMethod.com：**請你前往吉姆的部落格，以獲得最新動態、文章、影片等等，讓你隨時擁有吉姆．愛德華世界的第一手資訊。
- **Snagit：**使用TechSmith的Snagit來創造你的數位廣告資料庫。沒錯，目前還有其他免費的螢幕擷取套裝軟體可以使用（包含了Windows的「剪取與繪圖」功能），但你只要花不到兩人份午餐的錢，就能夠擁有全世界最強大的螢幕擷取軟體！請你前往http://Snagit.com 以了解更多資訊。

吉姆·愛德華的推薦書目

- 《Seducing Strangers》 by Josh Weltman
- 《Scientific Advertising》 by Claude Hopkins
- 《Ogilvy On Advertising》 by David Ogilvy
- 《The Robert Collier Letter Book》 by Robert Collier
- 《Tested Advertising Methods》 by John Caples
- 《Breakthrough Advertising》 by Eugene Schwartz
- 《Advertising Secrets of the Written Word》 by Joe Sugarman

國家圖書館出版品預行編目（CIP）資料

從零開始學寫吸金文案：30秒入門,超生火、最推坑的31個勾心銷售寫作指南 / 吉姆.愛德華(Jim Edwards)著；游懿萱譯. -- 初版. -- 臺北市：商周出版：家庭傳媒城邦分公司發行, 2020.11
面； 公分
譯自：Copywriting secrets : how everyone can use the power of words to get more clicks, sales, and profits...no matter what you sell or who you sell it to!
ISBN 978-986-477-941-3(平裝)
1.廣告文案 2.廣告寫作 3.銷售
497.5 109016125

BW0754
從零開始學寫吸金文案 30 秒入門，超生火、最推坑的 31 個勾心銷售寫作指南

原 文 書 名／Copywriting Secrets: How Everyone Can Use The Power Of Words To Get More Clicks, Sales and Profits... No Matter What You Sell Or Who You Sell It To!
作　　　者／吉姆 愛德華（Jim Edwards）
譯　　　者／游懿萱
責 任 編 輯／李皓歆
企 劃 選 書／陳美靜
版　　　權／黃淑敏、吳亭儀
行 銷 業 務／周佑潔、王瑜

總　編　輯／陳美靜
總　經　理／彭之琬
事業群總經理／黃淑貞
發　行　人／何飛鵬
法 律 顧 問／台英國際商務法律事務所　羅明通律師
出　　　版／商周出版
臺北市 104 民生東路二段 141 號 9 樓
電話：(02) 2500-7008　傳真：(02) 2500-7759
E-mail: bwp.service @ cite.com.tw
發　　　行／英屬蓋曼群島商家庭傳媒股份有限公司　城邦分公司
臺北市 104 民生東路二段 141 號 2 樓
讀者服務專線：0800-020-299　24 小時傳真服務：(02) 2517-0999
讀者服務信箱 E-mail: cs@cite.com.tw
劃撥帳號：19833503　戶名：英屬蓋曼群島商家庭傳媒股份有限公司城邦分公司
訂 購 服 務／書虫股份有限公司客服專線：(02) 2500-7718；2500-7719
服務時間：週一至週五上午 09:30-12:00；下午 13:30-17:00
24 小時傳真專線：(02) 2500-1990；2500-1991
劃撥帳號：19863813　戶名：書虫股份有限公司
香 港 發 行 所／城邦（香港）出版集團有限公司
香港灣仔駱克道 193 號東超商業中心 1 樓
E-mail: hkcite@biznetvigator.com
電話：(852) 25086231　傳真：(852) 25789337
E-mail：hkcite@biznetvigator.com
馬 新 發 行 所／Cite (M) Sdn. Bhd.
41, Jalan Radin Anum, Bandar Baru Sri Petaling, 57000 Kuala Lumpur, Malaysia.
電話：(603) 9057-8822　傳真：(603) 9057-6622　E-mail: cite@cite.com.my

美 術 編 輯／簡至成
封 面 設 計／FE Design 葉馥儀
製 版 印 刷／韋懋實業有限公司
經　銷　商／聯合發行股份有限公司　電話：(02) 2917-8022　傳真：(02) 2911-0053
地址：新北市 231 新店區寶橋路 235 巷 6 弄 6 號 2 樓

■ 2020 年 11 月 10 日初版 1 刷

ISBN 978-986-477-941-3
定價 420 元

城邦讀書花園
www.cite.com.tw

廣　告　回　函
北區郵政管理登記證
台北廣字第 000791 號
郵資已付，免貼郵票

104 台北市民生東路二段 141 號 B1
英屬蓋曼群島商家庭傳媒股份有限公司
城邦分公司

請沿虛線對摺，謝謝！

書號：BW0754　書名：從零開始學寫吸金文案　編碼：

請於此處用膠水黏貼

商周出版

讀者回函卡

謝謝您購買我們出版的書籍！請費心填寫此回函卡，我們將不定期寄上城邦集團最新的出版訊息。

姓名：________________　性別：□男　□女

生日：西元 ________ 年 ________ 月 ________ 日

地址：________________

聯絡電話：________________ 傳真：________________

E-mail：________________

學歷：□ 1. 小學　□ 2. 國中　□ 3. 高中　□ 4. 大專　□ 5. 研究所以上

職業：□ 1. 學生　□ 2. 軍公教　□ 3. 服務　□ 4. 金融　□ 5. 製造　□ 6. 資訊

□ 7. 傳播　□ 8. 自由業　□ 9. 農漁牧　□ 10. 家管　□ 11. 退休

□ 12. 其他 ________________

您從何種方式得知本書消息？

□ 1. 書店　□ 2. 網路　□ 3. 報紙　□ 4. 雜誌　□ 5. 廣播　□ 6. 電視

□ 7. 親友推薦　□ 8. 其他 ________________

您通常以何種方式購書？

□ 1. 書店　□ 2. 網路　□ 3. 傳真訂購　□ 4. 郵局劃撥　□ 5. 其他 ____

對我們的建議：________________

____

____

____

____

____

請於此處用膠水黏貼